高等职业教育规划教材

Gongcheng Celiang Jishu Shixun Zhidao

工程测量技术实训指导

纪 凯 凌训意 主 编

丁 锐[合肥市测绘设计研究院滨湖分院] 主 审

人民交通出版社股份有限公司
China Communications Press Co.,Ltd.

内 容 提 要

本书是以培养高职高专技术应用型人才为目标进行编写的,主要面向交通类高职院校非测绘类专业工程测量技术课程实践教学,以工程测量项目生产的基本原则和程序为主线,结合学生认知特点和规律,突出生产过程中普及测量仪器的实训,掌握其使用方法。主要内容为测量实训制度、基本操作实训、控制测量实训、数字测图实训、施工测量实训五部分。

本书为工程测量技术课程实践教学的配套用书,可供广大师生学习使用。

图书在版编目(CIP)数据

工程测量技术实训指导 / 纪凯,凌训意主编. — 北京:人民交通出版社股份有限公司,2016.12

高等职业教育规划教材

ISBN 978-7-114-13552-1

Ⅰ.①工… Ⅱ.①纪… ②凌… Ⅲ.①工程测量—高等职业教育—教学参考资料 Ⅳ.①TB22

中国版本图书馆 CIP 数据核字(2016)第 302787 号

高等职业教育规划教材

书　　　名:工程测量技术实训指导
著 作 者:纪　凯　凌训意
责 任 编 辑:司昌静
出 版 发 行:人民交通出版社股份有限公司
地　　　址:(100011)北京市朝阳区安定门外外馆斜街 3 号
网　　　址:http://www.ccpress.com.cn
销 售 电 话:(010)59757973
总 经 销:人民交通出版社股份有限公司发行部
经　　　销:各地新华书店
印　　　刷:北京鑫正大印刷有限公司
开　　　本:787×1092　1/16
印　　　张:6.75
字　　　数:159 千
版　　　次:2016 年 12 月　第 1 版
印　　　次:2019 年 12 月　第 3 次印刷
书　　　号:ISBN 978-7-114-13552-1
定　　　价:20.00 元

(有印刷、装订质量问题的图书由本公司负责调换)

前　　言

　　《工程测量技术实训指导》是以培养高职高专技术应用型人才为目标进行编写的,主要面向交通类高职院校非测绘类专业工程测量技术课程的实践教学环节,以工程测量项目生产的基本原则和程序为主线,结合学生认知习惯和规律,突出生产过程中普及测量仪器的使用方法。本书作为2015安徽省高等学校省级质量工程教学研究项目"以智慧教育为导向的高职《工程测量技术》'移动云教学空间'建设探索与实践"(2015jyxm577)研究成果之一,突出实践教学指导的直观、实用和信息化,通过详细分解测量仪器操作与观测方法的步骤,图文并茂,有利于学生实训过程中的自我学习与任务实施,提高实训教学效果。

　　本书共包括测量实训制度、基本操作实训、控制测量实训、数字测图实训、施工测量实训五部分。

　　本书由安徽交通职业技术学院土木工程系纪凯、凌训意担任主编,土木工程系王常才主任和孙鹏轩老师参加编写了部分内容。合肥市测绘设计研究院滨湖分院主任工程师丁锐担任本书主审,提出了许多宝贵的修改建议,在此深表感谢。在本书编写过程中,安徽交通职业技术学院土木工程系副主任肖玉德教授、教务处王东副处长、桥梁与隧道工程教研室严任苗主任、道路工程教研室王守胜主任、港口与建筑工程教研室徐炬平主任、专业基础教研室齐永生主任,安徽交通职业技术学院陶大鹏先生和原江苏石油勘探局安徽勘探处郑之健先生提出许多宝贵意见,在此表示深深的感谢。

　　由于编者水平有限和时间仓促,书中错误和疏漏在所难免,恳请读者批评指正。

作　者

2016 年 10 月

目　　录

第一部分　测量实训制度 ……………………………………………………… 1

第二部分　基本操作实训 ……………………………………………………… 4

　　任务一　DS$_3$水准仪基本操作 ………………………………………… 4

　　任务二　闭合路线普通水准测量 ……………………………………… 6

　　任务三　自动安平水准仪检校 ………………………………………… 8

　　任务四　DJ$_2$经纬仪基本操作 ………………………………………… 10

　　任务五　全站仪认知与参数设置 ……………………………………… 12

　　任务六　全站仪水平角与水平距离测回法观测 …………………… 19

　　任务七　全站仪水平角方向观测法观测 ……………………………… 22

　　任务八　全站仪竖直角观测 …………………………………………… 23

　　任务九　全站仪检验与校正 …………………………………………… 24

　　任务十　全站仪坐标测量 ……………………………………………… 28

第三部分　控制测量实训 ……………………………………………………… 32

　　任务一　闭合导线观测 ………………………………………………… 32

　　任务二　附合导线观测 ………………………………………………… 34

　　任务三　全站仪自由设站 ……………………………………………… 37

　　任务四　闭合路线四等水准测量 ……………………………………… 39

　　任务五　闭合路线二等水准测量 ……………………………………… 42

第四部分　数字测图实训 ……………………………………………………… 48

　　任务一　全站仪1∶500数字化测图 …………………………………… 48

　　任务二　GPS-RTK 1∶500数字化测图 ……………………………… 58

　　任务三　水深测量 ……………………………………………………… 74

第五部分　施工测量实训 ……………………………………………………… 78

　　任务一　全站仪坐标放样 ……………………………………………… 78

　　任务二　GPS-RTK坐标放样 ………………………………………… 82

　　任务三　圆曲线测设 …………………………………………………… 87

　　任务四　带缓和曲线的平曲线测设 …………………………………… 89

任务五　道路中平测量 ································· 93

任务六　全站仪纵横断面测量 ····························· 95

任务七　道路边桩平面位置与高程测设 ····················· 97

参考文献 ·· 99

第一部分 测量实训制度

一、领仪器的注意事项

（1）仪器箱盖是否关妥、锁好；背带、提手是否牢固。

（2）三脚架与仪器是否相配，三脚架各部分是否完好，三脚架伸缩处的固定螺旋是否滑丝。

二、打开仪器箱的注意事项

（1）仪器箱平放在地面上方可开箱，不要托在手上或抱着开箱，以免摔坏仪器。

（2）开箱后未取出仪器前，要注意仪器安放的位置与方向，以免装箱时因安放位置不正确而损伤仪器。

三、取出仪器的注意事项

（1）取出仪器前一定要先放松制动螺旋，以免取出仪器时因强行扭转而损坏制、微动装置，甚至损坏轴系。自箱内取出仪器时，应一手握住照准部支架，另一手扶住基座部分，轻拿轻放，不要用一只手抓仪器。

（2）取出仪器后，要随即将仪器箱盖好，以免沙土、杂草等进入箱内，还要防止搬动仪器时丢失附件。

（3）取仪器和使用过程中，不允许触摸仪器的目镜、物镜，以免沾污，影响成像质量。不允许用手指或手帕等擦仪器的目镜、物镜等光学部分。

四、架设仪器的注意事项

（1）伸缩式三脚架抽出后，要把固定螺旋拧紧，不可用力过猛而造成螺旋滑丝。要防止螺旋未拧紧而使脚架自行收缩导致摔坏仪器。三个脚架拉出的长度要适中。

（2）架设三脚架时，三个脚架分开的跨度要适中，并得太靠拢容易被碰倒，分得太开容易滑开。若在斜坡上架设仪器，应使两个脚架稍放长在坡下，一个脚架稍缩短在坡上。若在光滑地面上架设仪器，要采取安全措施（例如用细绳将三个脚架连接起来），防止脚架因滑动而摔坏仪器。

（3）在三脚架安放稳妥并将仪器放到三脚架上后，应一手握住仪器，另一手立即旋紧连接螺旋，避免仪器从三脚架上掉下摔坏。仪器箱多为薄型材料制成，不能承重，因此严禁蹬、坐在仪器箱上。

五、仪器使用的注意事项

（1）仪器旁必须有人守护，禁止无关人员拨弄仪器，注意防止行人、车辆碰撞仪器。

（2）在夏天或强光下观测必须撑伞，防止日晒和雨淋（包括仪器箱）。雨天应禁止观测。对于电子测量仪器，在任何情况下均应撑伞防护。

（3）如遇目镜、物镜外表面蒙上水汽而影响观测（在冬季较常见）时，应稍等一会儿或用纸片扇风使水汽散发。如镜头上有灰尘，应用仪器箱中的软毛刷拂去，严禁用手帕或其他纸张擦拭，以免擦伤镜面。观测结束应及时套上物镜盖。

（4）操作仪器时，用力要均匀，动作要准确、轻捷。制动螺旋不宜拧得过紧，微动螺旋和脚螺旋宜使用中段螺纹，用力过大或动作太猛都会造成仪器损伤。

（5）转动仪器时，应先松开制动螺旋，然后平稳转动。使用微动螺旋时，应先旋紧制动螺旋。

六、仪器迁站的注意事项

（1）在远距离迁站或行走不便的地区迁站时，必须将仪器装箱后再迁站。

（2）在近距离且平坦地区迁站时，可将仪器连同三脚架一起搬迁。搬迁前首先检查连接螺旋是否旋紧，松开各制动螺旋，再将三脚架收拢，然后一手托住仪器的支架或基座，一手抱住三脚架，稳步行走。搬迁时切勿跑行，防止摔坏仪器。严禁将仪器横扛在肩上搬迁。迁站时，要清点所有的仪器和工具，防止丢失。

七、仪器装箱的注意事项

（1）仪器使用完毕，应及时盖上物镜盖，清除仪器表面灰尘和仪器箱、三脚架上的泥土。

（2）仪器装箱前，要先松开各制动螺旋，将脚螺旋调至中段并使大致等高。然后一手握住仪器支架或基座，另一手将中心连接螺旋旋开，双手将仪器从脚架上取下放入仪器箱内。

（3）仪器装入箱内要试盖一下，若箱盖不能合上，说明仪器未放置正确，应重新放置。严禁强压箱盖，以免损坏仪器。在确认安放正确后，再将各制动螺旋略为旋紧，防止仪器在箱内自由转动而损坏某些部件。

（4）清点箱内附件，若无缺失，则将箱盖盖上，扣好搭扣并上锁。

（5）因雨雾天而受潮的仪器，装箱前应采取风干等措施。

八、测量工具使用的注意事项

（1）使用钢尺时，应防止扭曲、打结，防止行人踩踏或车辆碾压，以免折断钢尺。携尺前进时，不得沿地面拖拽，以免钢尺尺面刻画磨损。使用完毕，应将钢尺擦净并涂油防锈。

（2）水准尺和花杆，应注意防止受横向压力，不得将水准尺和花杆斜靠在墙上、树上或电线杆上，以防倒下摔断。也不允许在地面上拖拽或用花杆作标枪投掷。

（3）小件工具如垂球、尺垫等，应用完即收，防止遗失。

九、测量记录计算的注意事项

（1）所有观测结果，均要使用2H或3H铅笔记录，熟悉表上各项内容的填写、计算方法。

（2）记录观测数据之前，应将表头的仪器型号、日期、天气、测站、观测者及记录者姓名等无一遗漏地填写齐全。

（3）观测员读数后，记录员应随即在测量手薄的相应栏内填写，并复诵回报，以防听错、记错,不得另纸记录,事后转抄。

（4）记录要求字体端正清晰,字体的大小一般占格宽的一半左右,字脚靠近底线,留出空隙作改正错误用。

（5）数据要全,不能省略零位,如水准尺读数 1.300、度盘读数 30°00′00″中的"0"均应填写。

（6）水平角观测时,秒值读记错误应重新观测,度、分读记错误可在现场更正,不能连环涂改,同一方向盘左、盘右读记不得同时更改相关数字;垂直角观测中分的读数,在各测回中不得连环更改。

（7）距离测量和水准测量中,厘米及以下数值不得更改,米和分米的读记错误,在同一距离、同一高差的往、返测或两次测量的相关数字不得连环更改。

（8）更正错误,均应将错误数字、文字整齐画去,在上方另记正确数字和文字。画改的数字和超限画去的结果,均应注明原因和重测结果的所在页数。

（9）按四舍五入,五前单进双舍（奇进偶不进）的取数规则进行计算。如数据 1.1235 和 1.1245 进位均为 1.124。

第二部分 基本操作实训

任务一 DS₃水准仪基本操作

一、目的与要求

(1)熟悉 DS₃微倾式与自动安平式水准仪的各部件名称及作用。

(2)掌握水准仪的安置、粗平、瞄准、精平与读数。

(3)熟悉塔尺的构造与注记。

(4)掌握水准测量地面两点间的高差原理,练习目测距离。

二、仪器与计划

(1)实训学时:2 学时。

(2)实训组人数:每小组由 3 ~ 5 人组成。

(3)实训设备:每组 DS₃微倾式、自动安平水准仪各 1 台,记录板、2H 铅笔等。

(4)实训计划:在实训区内设置不同高程的两组点,分别编号为 BM₁、BM₂ 与 BM₃、BM₄。分别竖立两根水准尺,供全班共用,便于实训成果检核。各组练习仪器安置、粗平、瞄准、精平、读数,每人独立完整操作一遍,观测两点间高差、记录并计算。

三、方法与要求

1. 仪器讲解

教师现场对比讲解 DS₃微倾式水准仪与自动安平水准仪各部件的名称及其作用,介绍塔尺的分画注记与读数规律,现场演示 DS₃微倾式与自动安平水准仪操作。

2. 测站选择

各组选择测站点时,通过目测确定前后视距大致相等,最好选在两根水准尺连线的垂直平分线上,以免各组观测时相互干扰。

3. 仪器安置

各组分为 2 个小组分别观测 BM₁、BM₂ 高差与 BM₃、BM₄ 高差,再进行仪器交换。

(1)三脚架展开。仪器高根据测站与观测点间位置关系调至合适高度,架面大致水平并踩实脚架。开箱取出仪器并连接在三脚架上。

(2)粗平(图 2-1)。用两手分别以相对方向转动两个脚螺旋,见图 2-1a),使气泡临近两个脚螺旋连线中心。然后再转动第三个脚螺旋使气泡居中,见图2-1b)。

(3)粗略瞄准。望远镜朝向明亮的背景,旋转目镜对焦螺旋,使十字丝清晰。通过望远镜上的瞄准器,瞄准后尺,拧紧水平制动螺旋(自动安平仪无须此项操作)。旋转物镜对焦螺旋,使水准尺影像在望远镜视场中清晰。

(4)精确瞄准(图2-2)。旋转水平微动螺旋,使十字丝竖丝贴齐水准尺一侧,判断水准尺是否竖直。通过手势指挥立尺员缓慢竖直水准尺并严格消除视差。

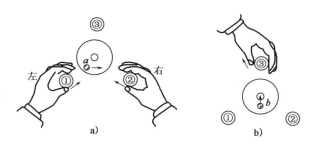

图2-1　粗平

图2-2　精确瞄准

(5)精确整平(自动安平仪无须此项操作)(图2-3)。眼睛在水准管气泡窗观察,旋转微倾螺旋使符合水准管气泡两端的半影像吻合,视线即处于水平状态。

(6)读数(图2-4)。用十字丝中丝读出水准尺上的数值,先估读毫米数,再读出米、分米、厘米、毫米4位有效数字。读数方向是从小数往大数,不要错读单位和发生漏"0"现象。读数后,应立即查看气泡是否仍然符合,否则应重新使气泡符合后再读数(自动安平仪无须此项操作)。旋转水准仪,按上述步骤观测前尺,当场计算水准点间高差。

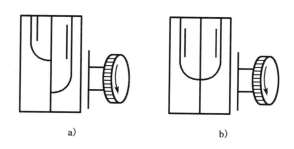

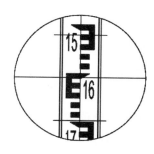

图2-3　精平

图2-4　读数

四、记录与计算

(1)BM$_1$ 后尺读数_____m;BM$_2$ 前尺读数_____m。

　　BM$_3$ 后尺读数_____m;BM$_4$ 前尺读数_____m。

(2)BM$_1$ 比 BM$_2$(高、低)_____;BM$_3$ 比 BM$_4$(高、低)_____。

(3)假设 BM$_1$ 点的高程 H_{BM_1} =30.689m,BM$_3$ 点的高程 H_{BM_3} =32.589m,高差 h_{12} =____m,BM$_2$ 点的高程 H_{BM_2} =_____m。视线高 H_i =_____m。高差 h_{34} =_____m,BM$_4$ 点的高程 H_{BM_4} =_____m。视线高 H_i =_____m。

任务二　闭合路线普通水准测量

一、目的与要求

(1)熟悉 DS₃ 自动安平水准仪安置、粗平、瞄准与读数。

(2)掌握水准点的选点、造标与埋石。

(3)掌握测站与转点的选择,通过步测确定转点位置。

(4)熟悉闭合路线普通水准测量观测、记录与计算。

二、仪器与计划

(1)实训学时:2 学时,实训小组由 3~5 人组成。

(2)实训设备:每组 DS₃ 自动安平水准仪 1 台,水准尺 2 把,尺垫 2 个,记录板、2H 铅笔等。

(3)实训计划:各组在指定区域布设一条闭合水准路线。水准点数量 4 个,其中起始点高程假设为 30.080m。水准点标志按临时性水准点要求埋设。水准路线总长 200 ~ 500m。

三、方法与要求

1. 人员分工

各组确定起始点及水准路线的前进方向。2 人扶尺,1 人记录,1 人观测。施测 2~3 站后轮换,尽量每人观测 1 测段、记录 1 测段、立尺 1 测段。

2. 一站观测

观测员安置仪器,每站前、后视距尽量等距,相差不超过 10m。照准后视尺,粗平,读取中丝读数,记录员复报并记入记录表中。转动望远镜,观测圆气泡是否居中,如否则重新粗平后读取前视中丝读数,复报并记入表格,数据读取 4 位,当场计算本站高差。

3. 仪器迁站

观测员收拢三脚架,一只手托仪器,一只手拿三脚架前进;前视转点尺垫不能移动,后视尺必须得到观测员同意后迁往下站前视点。

4. 重复上述步骤观测

重复上述步骤观测,直至到达终点。当场计算高差闭合差 $f_h = \sum h_i$,如果 $f_h \leqslant f_{h容}$,观测成果合格,可进行误差配赋算出各水准点高程,否则应分析原因后返工重测。

$$f_{h容} = \pm 40\sqrt{L} \quad 或 \quad f_{h容} = \pm 12\sqrt{n} \quad (mm)$$

式中:n——测站数;

L——水准路线的长度(km)。

四、记录与计算(表 2-1、表 2-2)

普通水准测量外业记录表

表 2-1

日期:_____ 天气:_____ 仪器:_____ 观测者:_____ 记录者:_____

测　站	点　名	读　数（m）		高　差（m）	备　注
		后　视	前　视		
					已知 $H_{BM_1}=30.080m$

高程误差配赋表

表 2-2

点名	测段编号	测站数	观测高差（m）	改正数（m）	改正后高差（m）	高程（m）
BM_1	1					
BM_2	2					
BM_3	3					
BM_4	4					
BM_1						
Σ						

$f_h =$ _____ mm $f_{h容} = \pm 12\sqrt{n} =$ _____ mm

任务三 自动安平水准仪检校

一、目的与要求

(1)熟悉自动安平水准仪的结构。
(2)掌握自动安平水准仪的检验方法。
(3)了解自动安平水准仪的校正方法。

二、仪器与计划

(1)实训学时:2学时,实训小组由3~5人组成。
(2)实训设备:每组DS_3自动安平水准仪1台,水准尺2把,记录板,2H铅笔等。
(3)实训计划:各组进行一般性检验,圆水准器、十字丝横丝、补偿器与i角误差检校。

三、方法与要求

1. 场地准备

各组实训场地应视野开阔、地势平坦。

2. 一般性检验

检验三脚架是否牢固,制动、微动、脚螺旋是否有效,望远镜成像是否清晰等。

3. 圆水准器检校

(1)目的。
圆水准器轴是否平行于仪器竖轴。
(2)检验。
旋转脚螺旋使圆水准器气泡居中,将仪器绕竖轴旋转180°后,若气泡仍居中,则说明圆水准器轴平行于仪器竖轴,否则需要校正。
(3)校正。
先稍微松开圆水准器底部中央的紧固螺钉,再用拔针拨动圆水准器校正螺钉,使气泡返回偏移量的一半,然后旋转脚螺旋使气泡居中,如此反复检校,直到圆水准器在任何位置气泡都居中为止,最后旋紧紧固螺旋。

4. 十字丝检校 (图2-5)

(1)目的。
十字丝横丝是否垂直于仪器竖轴。
(2)检验。
仪器粗平后,用十字丝横丝一端瞄准约20m处一目标点,旋转水平微动螺旋,若目标点始终沿横丝移动,说明十字丝横丝垂直于仪器竖轴,否则须校正。
(3)校正。
旋下十字丝分画板护罩,用小螺丝刀松开十字丝分画板的固定螺钉,略转动十字丝分画板,使旋转水平微动螺旋时横丝不离开目标点。如此反复检校,直至满足要求。最后固定螺钉旋紧,旋上护罩。

a)　　　　　　b)　　　　　　c)　　　　　　d)

图 2-5　十字丝检校

5. 补偿器检校

(1)目的。

水准仪粗平后,补偿器是否起到补偿作用。

(2)检验。

距仪器 50m 处立尺,安置仪器时把 2 个脚螺旋的连线垂直于仪器与水准尺的连线方向。粗平仪器,读数;旋转视线方向上的第三个脚螺旋,让气泡偏离中心少许,竖轴倾斜,读数;再旋转该脚螺旋,让气泡向相反方向偏离中心并读数。重新整平仪器,用位于垂直视线方向的 2 个脚螺旋,先后使仪器向左右两侧倾斜,分别在气泡偏离中心后读数。如果仪器前后左右倾斜时所得到的读数与仪器整平时读数之差不超过 2mm,则补偿器正常;否则应校正。检验时气泡偏离量根据补偿器工作范围与圆水准器分划值确定。

(3)校正。

查明原因并送工厂修理。

6. i 角误差检校(图 2-6)

(1)目的。

视准轴经过补偿后是否与水平视线一致。

(2)检验。

选择相距 $75 \sim 100m$ 稳定且通视良好的两点 A、B,在 A、B 两点上各打一个木桩固定其点位;安置水准仪于距 A、B 两点等距处,用双仪器高法测定 A、B 两点间的高差 h_{AB},$h_{AB} = (a_1' - b_1' + a_1'' - b_1'')/2$;把水准仪置于离 B 点 $3 \sim 5m$ 的位置,整平后读近尺 B 上的读数 a_2,计算远尺 A 上的正确读数 $a_2' = b_2 + h_{AB}$;将水准仪瞄准 A 尺上的读数 a_2',如果 $a_2 \neq a_2'$,计算 $i = (h_{AB} - h_{AB}')\rho''/D_{AB}$,$D_{AB}$ 是 A、B 两点间水平距离,$\rho'' = 206265$。若 $i \geqslant 20''$,则须校正。

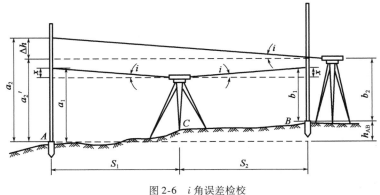

图 2-6　i 角误差检校

9

（3）校正。

拨动十字丝校正螺旋，把读数由 a_2 改变到 a_2'，使之得出水平视线读数。

四、记录与计算

（1）圆水准器检校

圆水准器气泡居中后，将望远镜旋转 180°，气泡＿＿＿＿＿＿＿＿（填"居中"或"不居中"）。

（2）十字丝横丝检校

在墙上找一点，使其恰好位于水准仪望远镜十字丝左端的横丝上，旋转水平微动螺旋，用望远镜右端对准该点，观察该点＿＿＿＿＿＿＿＿（填"是"或"否"）仍位于十字丝右端的横丝上。

（3）补偿器检校

$h_{AB} =$ ＿＿＿＿＿ ，$h_{AB右} =$ ＿＿＿＿＿ ，$h_{AB左} =$ ＿＿＿＿＿ ，$h_{AB上} =$ ＿＿＿＿＿ ，$h_{AB下} =$ ＿＿＿＿＿ 。

（4）i 角误差检校（表2-3）

i 角 误 差 检 校　　　　　　　　　　　　　　　　　　　表2-3

立 尺 点		水准尺读数（m）	高差（m）	高差平均值（m）	是否需要校正
仪器距 A、B 点等距	A				
	B				
变换仪器高	A				
	B				
仪器离 B 点较近	A				
	B				
变换仪器高	A				
	B				

任务四　DJ$_2$经纬仪基本操作

一、目的与要求

（1）熟悉 DJ$_2$ 经纬仪各部件的名称及作用。

（2）掌握经纬仪的安置、粗平、瞄准、精平与读数。

（3）了解 DJ$_2$ 经纬仪水平度盘读数配置。

二、仪器与计划

（1）实训学时：2 学时，实训小组由 3～5 人组成。

（2）实训设备：每组 DJ$_2$ 经纬仪 1 台，花杆 2 把，记录板、2H 铅笔等。

（3）实训计划：各组进行经纬仪对中、整平、瞄准与读数，并按要求配置水平度盘读数。

三、方法与要求

1. 仪器讲解

教师现场讲解 DJ_2 经纬仪各部件的名称及作用,现场演练对中、整平、瞄准,重点讲述读数方法与水平度盘配置。

2. 测站选择

各组在视野开阔处选择测站点,各点基本位于同一直线,以免观测时视线被遮挡。

3. 仪器安置

(1)展开三脚架:升降脚架,调整至合适高度,三脚架展开稳定,大致成等边三角形,架面大致水平。

(2)第一次对中:调焦光学对中器目镜,使对中分画板清晰;调焦物镜,使测站点地面清晰。以一个脚架为支点,略微抬起另两个脚架,使测站点中心标识与对中分画板十字丝重合并踩实脚架。

(3)粗平:伸缩三脚架,使圆水准器气泡居中。注意,最多只能伸缩2个架腿。

(4)精平(图2-7):使水准管与一对脚螺旋连线方向平行,然后双手对向旋转这两个脚螺旋,使水准管气泡居中。将照准部旋转 $90°$,旋转第三个脚螺旋使气泡居中。反复进行,直至水准管在任意方向气泡都居中,则仪器精平。

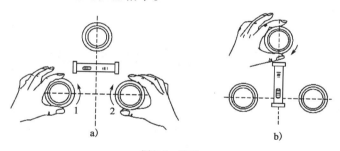

图2-7 精平

(5)第二次对中:精平操作会略微破坏已完成的对中关系,须再次对中。旋连接螺旋,眼睛观察光学对中器,在架头上平移仪器基座,手不能触碰脚螺旋,不要有旋转运动,使对中标志对准测站点中心,拧紧连接螺旋。

(6)第二次精平:再次检查水准管气泡是否居中,如果偏离,按上述(4)步骤使水准管气泡再次居中,直到既对中又整平,完成经纬仪安置。

4. 瞄准目标

先将望远镜朝向明亮的背景,调节目镜调焦螺旋进行目镜对光,使十字丝清晰;再通过望远镜的瞄准器大概对准目标并拧紧制动螺旋,即粗略瞄准;然后转动望远镜调焦螺旋使目标成像清晰,严格消除视差;最后转动水平微动螺旋和竖直微动螺旋,使十字丝精确瞄准目标。

5. 读数(图2-8)

(1)将度盘变换手轮置于水平位置,打开反光镜,使读数视窗明亮。

(2)转动测微轮使读数视窗内上下分画线对齐。

（3）读取窗口上边左边的读数（48°）和中部窗口10′的注记（50′）。

（4）再读取测微器上小于10′的数值01′28″或07′36″。

（5）将上述的度、分、秒相加，水平度盘读数为48°51′28″或48°57′36″。

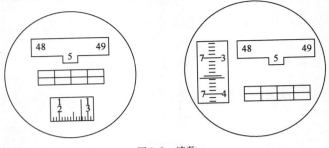

图2-8　读数

6.水平度盘配置

（1）首先用测微轮将小于10′测微器上的读数对准0分0秒。

（2）打开水平度盘变换手轮的保护盖，用手拨动该手轮，将度和整十分调至（0度00分）整分画线上，并上下线对齐。

四、记录与计算

瞄准 A 点时的水平度盘读数是：＿＿＿＿＿＿＿＿＿，竖直度盘读数是：＿＿＿＿＿＿＿＿＿。

瞄准 B 点时的水平度盘读数是：＿＿＿＿＿＿＿＿＿，竖直度盘读数是：＿＿＿＿＿＿＿＿＿。

任务五　全站仪认知与参数设置

一、目的与要求

（1）熟悉全站仪机械结构各部件的名称及作用。

（2）掌握全站仪按键功能、字符含义与参数设置。

（3）熟悉全站仪光学对中与激光对中的方法。

二、仪器与计划

（1）实训学时：2学时，实训小组由3～5人组成。

（2）实训设备：各组全站仪2套（以 KTS-440 和中纬 ZT80＋为例）。

（3）实训计划：各组进行全站仪对中、整平、瞄准与读数并按要求设置参数。

三、方法与要求

1.仪器讲解

教师现场讲解 KTS-440 全站仪与 ZT80＋全站仪机械结构（图2-9）、键盘布局与按键功能，仪器常用字符含义与温度、气压、测距模式，以及棱镜（图2-10）参数设置等。现场演练全站仪对中、整平步骤与电池安装方法。

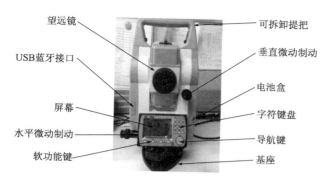

图 2-9　ZT80 + 全站仪机械结构

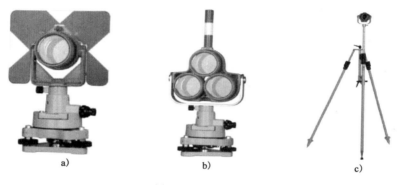

图 2-10　棱镜与棱镜组

2. 仪器安置

KTS-440 全站仪安置步骤与经纬仪安置步骤相同。ZT80 + 全站仪通过激光对中器对中，电子气泡精平。

3. 按键认知

（1）KTS-440 全站仪按键认知（图 2-11）

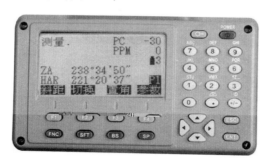

图 2-11　KTS-440 全站仪操作面板

按电源开关键 POWER 打开电源，按住 POWER 键 3 秒钟则关闭电源；按照明键 ⌖ 打开或关闭显示屏幕照明；F1 至 F4 软键的功能通过显示屏底部对应位置显示。详见图其余各键功能见表 2-4。

KTS-440 全站仪其余各键功能　　　　　　　　　　　表 2-4

按　　键	功　能　描　述
ESC	取消前一操作,由测量模式返回状态显示
FNC	软键功能菜单,换页
SFT	打开或关闭转换(SHIFT)模式
BS	删除左边一空格
SP	输入一空格
▲	光标上移或向上选取选择项
▼	光标下移或向下选取选择项
◀	光标左移或选取另一选择项
▶	光标右移或选取另一选择项
ENT	确认输入或存入该行数据并换行

字母和数字的输入模式转换通过 SFT 键执行。数字字母键功能见表 2-5。

数字字母键功能　　　　　　　　　　　　　　　表 2-5

名　　称	数字输入模式功能	字母输入模式功能
STU GHI 1~9	数字输入或选取菜单项	字母输入(输入按键上方的字母)
▱ .	小数点输入	电子气泡显示
① +／-	输入正负号	开始返回信号检测

(2)ZT80 + 全站仪按键认知(图 2-12、表 2-6)

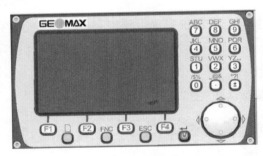

图 2-12　ZT80 + 全站仪操作面板

ZT80 + 全站仪各按键功能　　　　　　　　　　　表 2-6

按　　键	功　能　描　述
▯	翻页键,当前显示多余一页时,用于翻至其他显示页面
FNC ▢	FNC 键(功能键),快速进入功能设置界面
◈	导航键,处于非输入状态时用于控制光标的移动;当处于输入状态时可以进行插入和删除相应的字符,同时控制输入光标的位置

按　　键	功　能　描　述
	第一功能开关键,利用该按键进行开关机操作; 第二功能回车键,确认输入并进入下一个界面
ESC	ESC 键,退出当前屏幕或编辑状态并且放弃修改,回到更高一级界面
F1 F2 F3 F4	软功能键,用于实现屏幕下方 F1 至 F4 位置处所显示的软功能按键的相应功能
ABC DEF GHL ⑦ ⑧ ⑨ JKL MNOPOR ④ ⑤ ⑥ STU VWX YZ. ① ② ③ /$% ‒@& *?| ⓪ · ±	数字/字母按键,用于输入字符或数字

◎开/关机:

使用 On/Off 键实现开/关机操作,开机状态下长按该按键实现关机。

数字/字母键:

数字/字母按键用于直接输入数字/字母字符。数字输入区仅用于数值输入。点击数字键将直接输入数值。数字/字母输入区:可以输入数字和字母。点击按键,将显示按键上方所印制的第一个字母。多次点击可以切换输入不同的字符,例如 1->S->T->U->1->S⋯⋯

编辑区:

☞　ESC 用于删除修改,并且恢复为修改前的数值。

◀● 将光标移至左侧。

●▶ 将光标移至右侧。

▲● 在当前位置插入一个字符。

●▼ 删除当前位置的字符。

4. 字符认知

(1)KTS-440 全站仪字符认知(表 2-7)

KTS-440 符号含义　　　　　　　　　　　　　　　　　　　　表 2-7

符　号	含　义	符　号	含　义
PC	棱镜常数	H	平距
PPM	气象改正数	V	高差
ZA	天顶距(天顶 0°)	HAR	右角
VA	垂直角(水平 0°/ 水平 0° ±90°)	HAL	左角
%	坡度	HAh	水平角锁定
S	斜距	⊥	倾斜补偿有效

（2）ZT80＋全站仪字符认知（图2-13、表2-8）

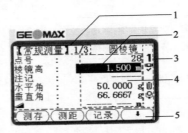

图2-13　ZT80＋全站仪屏幕显示

1-当前界面标题；2-光标；3-图标区；4-数据显示区；5-软功能

ZT80＋全站仪图标含义　　　　　　　　　　　　　表2-8

图　　标	说　　明
[0]	电池电量图标，显示目前电池剩余电量的百分比，连续变化
▽	补偿器双轴补偿状态
✕	补偿器单轴补偿或关闭状态
⌖	EDM 设置为棱镜模式
!	偏置测量激活状态
NUM	数字输入模式
a	字母输入模式
↻	当角度增量被设置为逆时针时，显示该图标
◑	当有备选项目可供选择时显示该图标
ˆˇ	翻页箭头指示图标，当利用翻页键可以进行翻页操作时出现此图标
1	仪器处于用户操作 1 面状态
✳	免棱镜测距模式图标
2	仪器处于用户操作 2 面状态
✳	蓝牙激活状态
�	USB 激活状态

5. 参数设置

全站仪主要参数设置，包括观测条件、仪器参数、棱镜常数、大气改正值（气温、气压）、仪器高、棱镜高与测距模式及反射体类型等。

（1）KTS-440 全站仪按键功能（表2-9）

操 作 过 程	操 作 键	显 示
(1)打开电源,进入测量屏幕	POWER	测量. PC -30 ⊥ PPM 0 ▮3 ZA 92° 36′25″ HAR 120° 30′10″
(2)按 ESC 进入状态屏幕	ESC	2004-10-20 10:00:48 KTS-440 仪器号:S12926 版本:2004-1.02 文件:JOB01 测量 内存
(3)在状态屏幕下按 配置 进入配置屏幕	配置	设置(1) 1.观测条件设置 2.仪器参数设置 3.日期、时间设置 4.通讯参数设置 5.单位设置 ↓
(4)选取"1.观测条件设置"后按 ENT (也可直接按数字键 1 进入观测条件设置操作)。用▲或▼键将光标移到第四行"倾斜改正"处,用◀或▶设置倾斜改正类型,并用 ENT 完成设置。本仪器对倾斜改正有"不改正、单轴"三种选项	"1.观测条件设置" + ENT + ▲或▼ + ◀或▶	观测条件设置(1) 大气改正:不改正 垂角格式:天顶零 倾斜改正:单轴 测距类型:平距 自动关机:手动关机 ↓
(5)选取"2.仪器参数设置",设置完成后按 ESC 返回到设置屏幕	ESC	设置(1) 1.观测条件设置 2.仪器参数设置 3.日期、时间设置 4.通讯参数设置 5.单位设置 ↓

操 作	显 示

在测量模式第 1 页菜单下,按 参数 进入距离测量参数设置屏幕,显示如右图所示。
设置下列各参数:
    1. 温度
    2. 气压
    3. 大气改正数 PPM
    4. 棱镜常数改正值
    5. 测距模式
设置完上述参数后按 ENT
	温度: **20℃**
	气压: 1013.0hPa
	PPM: 0
	PC : −30
	模式: 单次精测
	0PPM

设 置 项 目	设 置 方 法
温度	方法 1:输入温度、气压值后,仪器自动计算出大气改正并显示在 PPM 一栏中;
气压	方法 2:直接输入大气改正数 PPM,此时温度、气压值将被清除
大气改正数 PPM	
棱镜常数	输入所用棱镜的棱镜常数
测距模式	按◄或►在以下几种模式中选择: 重复精测、N 次精测 $= N$、单次精测、跟踪测量

(2)ZT80 + 全站仪参数设置

①常规配置。

在主菜单中选择配置,在配置菜单中选择一般设置,按翻页键可在设置界面中切换。

②EDM(电子激光测距)配置。

在主菜单中选择配置,再在配置菜单中选择 EDM 进行测距设置。

四、记录与计算(表 2-10)

全站仪常用命令功能   表 2-10

名 称	功 能
测距	
切换	
置零	
置角	
左/右角	
高度	
参数	
坐标	
放样	
菜单	
后交	
输出	

任务六　全站仪水平角与水平距离测回法观测

一、目的与要求

（1）掌握水平角测回法观测的外业步骤与内业处理。
（2）掌握全站仪置零、置角功能。
（3）掌握全站仪水平距离1个测回的观测。

二、仪器与计划

（1）实训学时：2学时，实训小组由3~5人组成。
（2）实训设备：各组全站仪1套（以中纬ZT80+为例），各组共用棱镜2个。
（3）实训计划：各组进行一个水平角2个测回，一段距离1个测回的观测、记录与计算。

三、方法与要求

1. 场地布置

各组测站点基本位于同一连线，相互视线无遮挡。距各组30~50m处安置棱镜，与各组测站点均保持通视，构成一个水平角。

2. 准备工作

各组在测站点进行全站仪的对中与整平。设置工作环境温度、气压、测距模式与棱镜常数等参数。

3. 盘左观测

将全站仪调至盘左状态，瞄准左边目标，执行置零命令，将HAR配置为0°00′00″，执行测距命令2次，读数并记录，顺时针旋转仪器瞄准右边目标，读取HAR读数，当场记录计算1个测回距离观测值互差与上半测回水平角值，$\beta_左 = b_1 - a_1$。

测回间度盘配置的具体操作是：在主菜单界面下选择1测量→按2次F4→按F4→F2设HZ→F1置零（第二测回人工输入角值）→F4确定。具体见图2-14~图2-18。

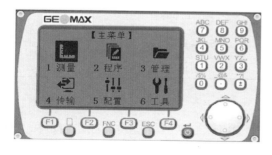

图2-14　ZT80+全站仪主菜单

图2-15　ZT80+全站仪常规测量

测距参数设置具体操作是在常规测量界面下按F4-F3EDM，选择EDM模式，棱镜类型和按F1气象-F4确定-F3确定。也可在主菜单界面下选择5配置→一般配置进行。具体见

图 2-19 ~ 图 2-21。

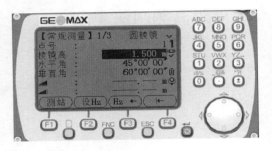

图 2-16 ZT80+ 全站仪设 HZ 命令

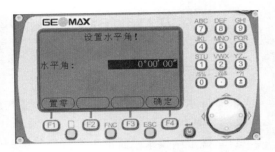

图 2-17 第一测回置零

图 2-18 第二测回置角

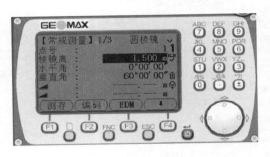

图 2-19 EDM 命令

图 2-20 EDM 设置

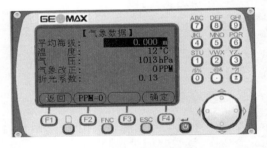

图 2-21 气象数据设置

根据《工程测量规范》(GB 50026—2007),二、三级平面控制网等级测距要求见表 2-11。

测距主要技术要求 表 2-11

平面控制网等级	仪器精度等级	每边测回数		一测回读数较差（mm）	单程各测回读数较差（mm）	往返测距较差（mm）
		往	返			
二、三级	≤10mm	1	—	≤10mm	≤15mm	—

4. 盘右观测

将全站仪调至盘右状态,瞄准右边目标,读取 HAR 读数,逆时针旋转瞄准左边目标,执行测距命令 2 次,读取 HAR 读数,当场记录计算,$\beta_右 = b_2 - a_2$。

5. 计算上下半测回角度闭合差与平均值

当场计算 $\triangle\beta = \beta_右 - \beta_左$,若 $\triangle\beta \leq \pm12''$,则取 $\beta = 1/2(\beta_左 + \beta_右)$ 作为一测回角值。若超

限,重测该测回。

6.观测第二测回

按上述相同步骤观测第二测回,注意盘左起始方向读数按照 $180°/n$ 的整倍数规则配置为 $90°00'00''$。置角是在设 HZ 界面下直接通过数字键输入角度值。各测回间水平角互差不超过 $\pm 24''$。若超限,重测该测站。

四、记录与计算(表2-12)

水平角测回法记录表   表2-12

日　期:___年__月__日　天　气:_____　仪器型号:_____　组号:_____

观测者:_____　　记录者:_____　　立测杆者:_____

测站	盘位	目标	水平度盘读数 (° ′ ″)	水 平 角		距离 (m)
				半测回值 (° ′ ″)	一测回值 (° ′ ″)	

任务七   全站仪水平角方向观测法观测

一、目的与要求

（1）掌握水平角方向观测法观测的外业步骤与内业处理。
（2）掌握归零、归零差、归零方向值、2C 互差以及各项限差的规定。

二、仪器与计划

（1）实训学时：2 学时，实训小组由 3～5 人组成。
（2）实训设备：各组全站仪 1 套，记录板、2H 铅笔。
（3）实训计划：各组进行一个水平角 2 个测回方向观测法的观测、记录与计算。

三、方法与要求

1. 场地布置

各组测站点互相视线无遮挡，距各组 30～50m 处布设 A、B、C、D 4 个目标，与各组均保持通视。

2. 准备工作

各组在测站点进行全站仪的对中与整平。

3. 盘左观测

将全站仪调至盘左状态，瞄准距离适中、成像清晰的目标 A 作为起始目标。执行置零命令，将 HAR 配置为 0°00′00″，读数并记录，顺时针旋转仪器依次瞄准 B、C、D，最后再次瞄准目标 A，读数并记录。当场计算归零差，合格后进入下半测回。

4. 盘右观测

将全站仪调至盘右状态，瞄准目标 A，读数并记录。逆时针旋转仪器依次瞄准 D、C、B，最后再次瞄准目标 A，读数并记录。当场计算归零差，合格后进入第二测回。

5. 第二测回观测

按上述步骤第二测回观测，注意起始方向盘左读数配置为 90°00′00″。

6. 内业计算

依次计算各测回 2C、方向平均值、方向归零值、各测回归零平均值与水平角值。根据《工程测量规范》（GB 50026—2007），执行四等平面控制网等级，要求见表 2-13。

方向观测法限差   表 2-13

仪器	光学测微器两次重合读数之差	半测回归零差	各测回同方向2C 值互差	各测回同一方向值互差
DJ$_2$	3″	8″	13″	9″

四、记录与计算 (表2-14)

水平角方向观测法记录表

表 2-14

日期：_____ 天气：_____ 仪器：_____ 观测：_____ 记录：_____

测站	测回	目标	水平度盘读数		2C (")	平均方向值 (° ′ ″)	归零方向值 (° ′ ″)	各测回归零方向值平均值 (° ′ ″)	各测回水平角值 (° ′ ″)	水平角值 (° ′ ″)
			盘左 (° ′ ″)	盘右 (° ′ ″)						

任务八　全站仪竖直角观测

一、目的与要求

（1）掌握竖直角观测的外业步骤与内业处理。
（2）掌握竖盘指标差及项限差的规定。

二、仪器与计划

（1）实训学时：2 学时，实训小组由 3～5 人组成。
（2）实训设备：各组全站仪 1 套，记录板、2H 铅笔等。
（3）实训计划：各组进行 2 个竖直角 1 个测回的观测、记录与计算。

三、方法与要求

1. 场地布置

各组测站点相互视线无遮挡。各组寻找 1 个高处目标，如以楼房上的避雷针、天线等作为目标。

2. 准备工作

各组在测站点进行全站仪的对中与整平，设置竖直角的零方向为水平方向，观察全站仪竖直度盘读数变化规律。

3. 盘左观测

十字丝瞄准目标顶部，读取竖直度盘读数 L，记录，计算盘左上半测回竖直角值 $\alpha_{左}$。

4. 盘右观测

十字丝瞄准目标顶部,读取竖直度盘读数 R,记录,计算盘左上半测回竖直角值 $\alpha_{右}$。

5. 内业计算

计算竖盘指标差 $x = \dfrac{1}{2}(\alpha_{右} - \alpha_{左}) = \dfrac{1}{2}(R + L - 360°)$,在满足限差(一般 $|x| \leqslant 25''$)要求的情况下,计算上、下半测回竖直角的平均值 $\alpha = \dfrac{1}{2}(\alpha_{左} + \alpha_{右})$,即一测回竖直角值。

6. 第二测回观测

重复上述步骤,进行第二测回的观测。检查各测回指标差互差及竖直角值的互差是否合格,如在限差要求之内,则可计算同一目标各测回竖直角的平均值。根据《工程测量规范》(GB 50026—2007),执行电磁波测距三角高程五等要求,见表2-15。

竖直角观测限差   表2-15

等 级	仪 器 精 度	测 回 数	指标差互差	测 回 互 差
五等	2″	2	≤10″	≤10″

四、记录与计算（表2-16）

竖直角观测记录表   表2-16

日期:_____ 天气:_____ 仪器:_____ 观测:_____ 记录:_____

测站	目标	竖盘位置	竖盘读数(° ′ ″)	半测回竖直角(° ′ ″)	指标差(′ ″)	一测回竖直角(° ′ ″)	各测回竖直角平均值(° ′ ″)	备 注
		左						
		右						
		左						
		右						

任务九　全站仪检验与校正

一、目的与要求

(1)熟悉全站仪机械部分各轴线间关系。
(2)掌握全站仪常规检验的项目与方法。
(3)了解全站仪常规检验项目的校正方法。

二、仪器与计划

(1)实训学时:2 学时,实训小组由 3~5 人组成。
(2)实训设备:各组全站仪 1 套,记录板、2H 铅笔等。

（3）实训计划：各组进行全站仪水准管、圆水准器、光学对中器、视准轴与横轴、十字丝分划板、竖盘指标差、棱镜杆圆水准器等的检校。

三、方法与要求

1. 场地布置

各组场地应视野开阔，既有远处目标，又能看到高处目标。

2. 水准管检校

（1）目的：水准管轴是否垂直于仪器竖轴。

（2）检验：先将仪器大致整平，旋转照准部使水准管与任意两个脚螺旋连线平行，转动这两个脚螺旋使水准管气泡居中；将照准部旋转 $180°$，如气泡仍居中，说明条件满足，否则需进行校正。

（3）校正：旋转与水准管平行的两个脚螺旋，使气泡向中心移动偏离值的一半。用拨针拨动水准管一端的上、下校正螺钉，使气泡居中。检校需反复进行，直至气泡的偏移格数在 1 格以内。

3. 圆水准器检校

（1）目的：圆水准器轴是否平行于仪器竖轴。

（2）检验：通过水准管检校正确后，若圆水准器气泡亦居中就不必校正。

（3）校正：用拨针或调整气泡下方的校正螺钉使气泡居中。先松开气泡偏移方向对面的校正螺钉（1 个或 2 个），然后拧紧偏移方向的其他校正螺钉使气泡居中。气泡居中时，三个校正螺钉的紧固力均应一致。

4. 十字丝分划板检校

（1）目的：十字丝竖丝是否垂直于横轴。

（2）检验：整平仪器后在望远镜视线上选定一目标点 A，用分划板十字丝中心照准 A 并固定水平和垂直制动手轮；转动望远镜竖直微动螺旋，若该点始终沿竖丝移动，说明十字丝竖丝垂直于横轴，否则需进行校正。

（3）校正：取下位于目镜与调焦手轮之间的分划板护盖，用螺丝刀均匀地旋松该 4 个固定螺钉，绕视准轴旋转分划板座，使 A 始终沿竖丝移动。均匀地旋紧固定螺钉，再检验，满足条件后将护盖安装归位。

5. 视准轴检校

（1）目的：视准轴是否垂直于横轴。

（2）检验：距仪器等高的远处设置目标 A，精平并开机。盘左瞄准目标 A，读取水平度盘读数 L；盘右照准同一 A 点读取水平度盘读数 R，计算 $2C = L - (R ± 180°)$，若 $2C \geqslant ±20''$，则须校正。

（3）校正：旋转水平微动螺旋将水平度盘读数调整到消除 C 后的正确读数，如 $R + C = 190°13'40'' - 15'' = 190°13'25''$。取下位于望远镜目镜与调焦手轮之间的分划板座护盖，调整分划板上水平左右两个十字丝校正螺钉，先松一侧后紧另一侧，移动分划板使十字丝中心照准目标 A；重复检验步骤，校正至 $|2C| < 20''$ 符合要求为止。

6. 横轴检校

（1）目的：横轴是否垂直于竖轴。

（2）检验：精平仪器，在 20～30m 处的墙上选一仰角大于 30°的目标点 P，先用盘左瞄准 P 点，放平望远镜，在墙上定出 P_1 点；再用盘右瞄准 P 点，放平望远镜，在墙上定出 P_2 点。P_1 和 P_2 之间距离 <4mm 时即认为符合条件。

（3）校正：需送专业厂商校正。

7. 竖盘指标差检校

（1）目的：视线水平时，竖盘读数是否正确。

（2）检验：精平仪器后开机，盘左瞄准任意清晰目标 A，得竖盘读数 L，盘右再照准 A，得竖盘读数 R。则 $i = (L + R - 360°)/2$。当 $|i| \geq 10''$，则需对竖盘指标零点重新设置。

（3）校正：整平仪器后进入仪器常数设置，选择垂直角零基准设置（或指标差设置）。仪器盘左精确照准与仪器同高的远处任意清晰稳定目标 A，再旋盘右精确照准同一目标 A，设置完成，仪器返回测角模式。重复检验步骤重新测定指标差（i 角）。若指标差仍不符合要求，则应检查校正（指标零点设置）的 3 个步骤的操作是否有误，目标照准是否准确等，按要求再重新进行设置。经反复操作仍不符合要求时，检查补偿器补偿是否超限、是否补偿失灵或异常等。

8. 光学对中器检校

（1）目的：光学对中器视线是否与竖轴重合。

（2）检验：将仪器安置到三脚架上，在一张白纸上画一个十字交叉并放在仪器正下方的地面上。调整好光学对中器的焦距后，移动白纸使十字交叉位于视场中心。转动脚螺旋，使对中器中心标志与十字交叉点重合。旋转照准部，每转 90°，观察对中器中心标志与十字交叉点的重合度。如果照准部旋转时，光学对中器的中心标志一直与十字交叉点重合，则不必校正。

（3）校正：将光学对中器目镜与调焦手轮之间的改正螺钉护盖取下。固定好十字交叉白纸并在纸上标记出仪器每旋转 90°时对中器中心标志落点 A、B、C、D 点。用直线连接对角点 AC 和 BD，两直线交点为 O。用校正针调整对中器的 4 个校正螺钉，使对中器的中心标志与 O 点重合。重新检验、校正至符合要求并将护盖安装回原位。

9. 激光对中器检校

（1）目的：激光对中器视线是否与竖轴重合。

（2）检验：打开激光对中器，将激光对齐地面点标志；绕竖轴旋转仪器 180°，若激光正好对齐地面点标志，无须校正。

（3）校正：逆时针旋转仪器左边护盖，取出露出 4 个校正螺钉。用六角扳手调节激光，向地面点中心移动偏离值的一半。旋转脚螺旋使激光与地面点标志中心对齐。再次检验直至符合要求。

10. 棱镜杆圆水准器检校

（1）目的：棱镜杆圆水准器轴是否与铅垂线重合。

（2）检验：将棱镜杆悬挂，若气泡偏离，则需校正。

（3）校正：旋转棱镜杆圆水准器下 3 个螺钉，直至气泡居中后拧紧。

四、记录与计算（表2-17）

全站仪检验与校正记录与计算　　　　　　　　　　　　　表2-17

日期：＿＿＿＿＿＿　天气：＿＿＿＿＿　仪器型号：＿＿＿＿＿＿　检验者：＿＿＿＿＿＿　记录者：＿＿＿＿＿

<table>
<tr><td rowspan="10">一般性检验</td><td colspan="6">三脚架：＿＿＿＿＿＿＿＿＿＿＿＿＿＿＿＿＿＿＿＿＿＿＿＿＿＿＿＿＿＿＿</td></tr>
<tr><td colspan="6">制动与微动螺旋：＿＿＿＿＿＿＿＿＿＿＿＿＿＿＿＿＿＿＿＿＿＿＿＿＿＿</td></tr>
<tr><td colspan="6">望远镜成像：＿＿＿＿＿＿＿＿＿＿＿＿＿＿＿＿＿＿＿＿＿＿＿＿＿＿＿＿＿</td></tr>
<tr><td colspan="6">照准部转动：＿＿＿＿＿＿＿＿＿＿＿＿＿＿＿＿＿＿＿＿＿＿＿＿＿＿＿＿＿</td></tr>
<tr><td colspan="6">望远镜转动：＿＿＿＿＿＿＿＿＿＿＿＿＿＿＿＿＿＿＿＿＿＿＿＿＿＿＿＿＿</td></tr>
<tr><td colspan="6">脚螺旋：＿＿＿＿＿＿＿＿＿＿＿＿＿＿＿＿＿＿＿＿＿＿＿＿＿＿＿＿＿＿＿＿</td></tr>
<tr><td colspan="6">电池电量：＿＿＿＿＿＿＿＿＿＿＿＿＿＿＿＿＿＿＿＿＿＿＿＿＿＿＿＿＿＿＿</td></tr>
<tr><td colspan="6">显示器状态：＿＿＿＿＿＿＿＿＿＿＿＿＿＿＿＿＿＿＿＿＿＿＿＿＿＿＿＿＿</td></tr>
<tr><td colspan="6">棱镜及信号：＿＿＿＿＿＿＿＿＿＿＿＿＿＿＿＿＿＿＿＿＿＿＿＿＿＿＿＿＿</td></tr>
<tr><td colspan="6"></td></tr>
<tr><td rowspan="2">水准管检验与校正</td><td colspan="2">检验（旋转照准部180°）次数</td><td colspan="2">气泡偏离情况</td><td colspan="2">处理结果</td></tr>
<tr><td colspan="2"></td><td colspan="2"></td><td colspan="2"></td></tr>
<tr><td rowspan="2">圆水准器检验与校正</td><td colspan="2">检验次数</td><td colspan="2">气泡偏离情况</td><td colspan="2">处理结果</td></tr>
<tr><td colspan="2"></td><td colspan="2"></td><td colspan="2"></td></tr>
<tr><td rowspan="2">十字丝竖丝检验与校正</td><td colspan="2">检验次数</td><td colspan="2">偏离情况</td><td colspan="2">处理结果</td></tr>
<tr><td colspan="2"></td><td colspan="2"></td><td colspan="2"></td></tr>
<tr><td rowspan="3">视准轴检验与校正</td><td>仪器位置</td><td>目标</td><td>盘位</td><td>水平度盘读数
（°　′　″）</td><td>两倍视准轴误差
$2C = L - (R \pm 180°)$</td><td>处理意见
及方法</td><td>处理结果</td></tr>
<tr><td></td><td></td><td>左</td><td></td><td></td><td></td><td></td></tr>
<tr><td></td><td></td><td>右</td><td></td><td></td><td></td><td></td></tr>
<tr><td rowspan="2">光学对中器检验与校正</td><td colspan="3">光学对中器旋转照准部90°投点结果</td><td colspan="2">处理方法</td><td colspan="2">处理结果</td></tr>
<tr><td colspan="3">
　　　　　B
　　A
　　　　　　C
　　D</td><td colspan="2"></td><td colspan="2"></td></tr>
<tr><td rowspan="2">激光对中器检验与校正</td><td colspan="3">激光对中器旋转照准部180°投点结果</td><td colspan="2">处理方法</td><td colspan="2">处理结果</td></tr>
<tr><td colspan="3"></td><td colspan="2"></td><td colspan="2"></td></tr>
<tr><td rowspan="2">棱镜杆圆水准器检验与校正</td><td colspan="3">悬挂棱镜气泡居中情况</td><td colspan="2">处理方法</td><td colspan="2">处理结果</td></tr>
<tr><td colspan="3"></td><td colspan="2"></td><td colspan="2"></td></tr>
</table>

任务十　全站仪坐标测量

一、目的与要求

（1）熟悉全站仪坐标测量的原理。

（2）掌握全站仪已知点建站坐标测量的方法步骤。

二、仪器与计划

（1）实训学时：2 学时，实训小组由 3 ~ 5 人组成。

（2）实训设备：各组全站仪 1 套（以中纬 ZT80 + 为例）、棱镜 1 套，记录板、2H 铅笔等。

（3）实训计划：各组利用 2 个已知点观测一建筑物拐点坐标，每人独立完成 1 个未知点坐标观测。

三、方法与要求

1. 场地布置

各组测站点相互视线无遮挡。测站点坐标采用假定坐标，共用同一个点作为后视点，后视点坐标也采用假定坐标，与各组测站点均通视。观测某建筑物拐点坐标。

2. 仪器安置

在测站点安置全站仪，对中整平。用 2m 卷尺每隔 120° 量取仪器高，测量 3 次，互差 2mm 以内取平均值输入全站仪。设置温度、气压与棱镜常数等参数。

在后视点安置棱镜，对中整平；将前视点棱镜对中杆镜高设置与仪器高相同，紧靠建筑物拐点，圆水准器气泡保持居中。

3. 设置测站

执行全站仪坐标测量命令，选择已知点建站，输入已知点点名、仪器高、坐标 X、Y、Z 等，结束建站工作。

在主菜单界面选择"2 程序→F1 测量→F1 设置作业→F1 新建（项目按年月日命名）→F2 设置测站→F3 坐标→F4 确定→输入仪器高→F4 确定"。

具体见图 2-22 ~ 图 2-28。

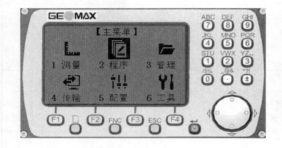

图 2-22　主菜单程序命令

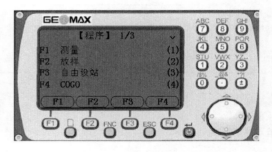

图 2-23　程序界面第一页

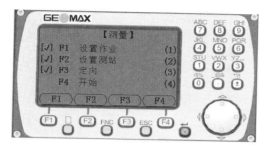
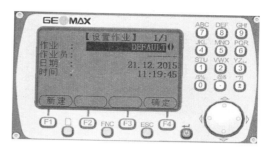

图 2-24　设置作业

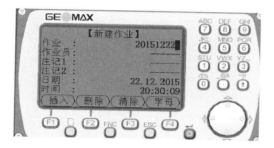

图 2-25　新建作业

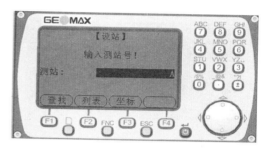

图 2-26　输入测站号

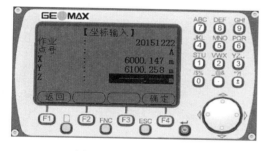

图 2-27　输入测站点坐标

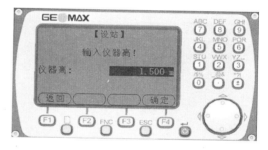

图 2-28　输入仪器高

4. 后视定向

执行后视定向,选择坐标定向,输入后视点点名、镜高并照准后视点。执行测存命令可对后视定向检核或直接选择定向完成。按 F3 定向→F2 坐标定向→输入点名与镜高(同仪器高)→F4 确定→F3 坐标→F4 确定→瞄准 B 点按 F1 测存→F1 否,定向完成。具体见图 2-29 ~图 2-36。

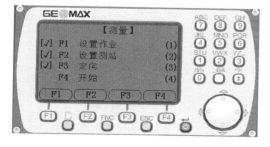

图 2-29　定向

图 2-30　坐标定向

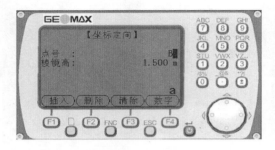

图 2-31 输入后视点名、棱镜高

图 2-32 该点在文件夹中不存在

图 2-33 手工输入点的坐标

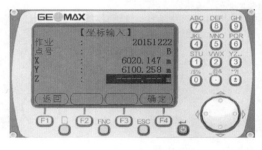

图 2-34 后视点坐标输入

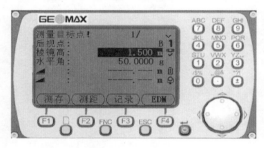

图 2-35 观测后视点

图 2-36 不执行多余观测

5. 坐标测量

将全站仪制动螺旋松开,瞄准前视点棱镜中心,执行测距命令,全站仪自动得出前视点坐标 x、y、z,依次瞄准各拐点棱镜完成坐标测量工作。瞄准后按 F4 开始→F2 测距观测→按翻页键在第 3 页查看坐标。具体见图 2-37 ~ 图 2-39。

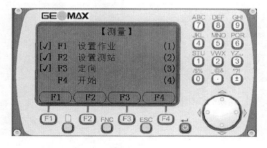

图 2-37 开始

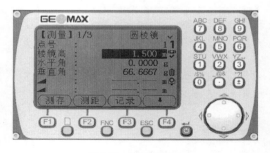

图 2-38 测量目标点

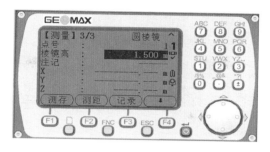

图 2-39 目标点坐标显示界面

四、记录与计算（表 2-18）

坐标测量记录表

表 2-18

测站点：A   坐标：$x = 3523282.672$m $y = 527646.528$m   H = 18.142m   仪器高：HI = _____

后视点：B   坐标：$x = 3523225.122$m $y = 527646.532$m   H = 14.128m   镜 高：HT = _____

测 点 点 号	X（m）	Y（m）	H（m）

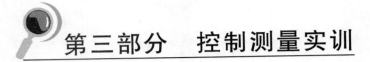

第三部分 控制测量实训

任务一 闭合导线观测

一、目的与要求

(1)掌握导线点选点、造标与埋石的要求。
(2)掌握闭合导线外业的观测方法。
(3)掌握闭合导线内业的近似平差。

二、仪器与计划

(1)实训学时:2学时,实训小组由3~5人组成。
(2)实训设备:各组2秒级全站仪1套、棱镜2个、三脚架3个,记录板、2H铅笔等。
(3)实训计划:各组在实训场地布设一条闭合导线,4个导线点,采用假定坐标系,起始点坐标假定,起始边坐标方位角假定,每人独立完成1个导线点外业观测,共同进行导线内业处理。

三、方法与要求

1. 场地布置

结合实训场地实际情况,根据《工程测量规范》(GB 5006—2007),按图根导线等级布设闭合导线,相邻导线点距离60~80m。

2. 测角

测量闭合导线的转折角。按导线点编号顺序方向前进。导线的转折角有左角、右角之分,但全线必须统一,闭合导线测量其内角,采用测回法观测。

3. 量距

测量导线边边长,用全站仪单程往测1个测回。

4. 内业

(1)计算角度闭合差看是否满足限差。
(2)角度闭合差分配与改正后角度。
(3)根据起始边坐标方位角推算其余各导线边坐标方位角。
(4)计算各导线边纵横坐标增量。
(5)计算纵横坐标增量闭合差。

（6）计算导线全长相对闭合差看是否满足限差。

（7）纵横坐标增量闭合差分配。

（8）计算改正后纵横坐标增量。

（9）根据起点坐标推算其余各导线点坐标。

根据《工程测量规范》（GB 5006—2007），图根导线各项技术要求见表3-1、表3-2。

图根导线测量主要技术要求　　　　　　　　　表3-1

导线长度（m）	相对闭合差	测角中误差（″）		方位角闭合差（″）	
		一般	首级控制	一般	首级控制
$\leq \alpha \times M$	$\leq 1/(2000 \times \alpha)$	30	20	$60\sqrt{n}$	$40\sqrt{n}$

注：1. α 为比例系数，取值宜为1，当采用1：500、1：1000比例尺测图时，其值可在1~2之间选用；

　　2. M 为测图比例尺的分母，但对于工矿区现状图测量，不论测图比例尺大小，M 均应取值为500；

　　3. 隐蔽或施测困难地区导线相对闭合差可放宽，但不应大于 $1/(1000 \times \alpha)$。

内业计算取位与成果精度要求　　　　　　　　　表3-2

各项计算修正值（″或mm）	方位角计算值（″）	边长及坐标计算值（m）	高程计算值（m）	坐标成果（m）	高程成果（m）
1	1	0.001	0.001	0.01	0.01

四、记录与计算（表3-3、表3-4）

闭合导线外业记录表　　　　　　　　　表3-3

测点	盘位	目标	读数（° ′ ″）	水 平 角		边长（m）
				半测回值（° ′ ″）	一测回值（° ′ ″）	
						边长名：＿＿＿＿＿＿＿＿ 第一次＝＿＿＿＿＿＿m 第二次＝＿＿＿＿＿＿m 第三次＝＿＿＿＿＿＿m 第四次＝＿＿＿＿＿＿m 平　均＝＿＿＿＿＿＿m
						边长名：＿＿＿＿＿＿＿＿ 第一次＝＿＿＿＿＿＿m 第二次＝＿＿＿＿＿＿m 第三次＝＿＿＿＿＿＿m 第四次＝＿＿＿＿＿＿m 平　均＝＿＿＿＿＿＿m
						边长名：＿＿＿＿＿＿＿＿ 第一次＝＿＿＿＿＿＿m 第二次＝＿＿＿＿＿＿m 第三次＝＿＿＿＿＿＿m 第四次＝＿＿＿＿＿＿m 平　均＝＿＿＿＿＿＿m

33

测点	盘位	目标	读数 (° ′ ″)	水 平 角		边长 (m)
				半测回值 (° ′ ″)	一测回值 (° ′ ″)	
						边长名：_____ 第一次 = _____ m 第二次 = _____ m 第三次 = _____ m 第四次 = _____ m 平 均 = _____ m

导线近似平差计算 表3-4

序号	点名	观测角 (V_β)	方位角 (° ′ ″)	边长 (m)	v_x ΔX_i	X_i (m)	v_y ΔY_i	Y_i (m)
			Σ					
		Σβ						
K =		f_β =		f_x =			f_y =	f_s =
$f_{\beta允} = \pm 60'' \sqrt{4} = \pm 120''$ $K_允 = 1/2000$			导 线 略 图					

任务二 附合导线观测

一、目的与要求

（1）掌握导线点选点、造标与埋石。

（2）掌握附合导线外业的观测方法。

（3）掌握附合导线的内业近似平差。

二、仪器与计划

（1）实训学时：2 学时，实训小组由 3～5 人组成。

（2）实训设备：各组 2″级全站仪 1 套、棱镜 2 个、三脚架 3 个，记录板、2H 铅笔等。

（3）实训计划：各组在实训场地布设一条附合导线，4 个导线点，其中 2 个已知点，采用独立坐标系。每人独立完成一个导线点外业观测，共同进行导线内业。

三、方法与要求

1. 场地布置

结合实训场地实际情况布设附合导线，相邻导线点距离 100～180m，见图 3-1，其中 A、B 为已知点，P1、P2 为待定点。

2. 测角

测量导线的转折角，按导线点编号顺序方向前进。导线的转折角有左角、右角之分，但全线必须统一，公路工程习惯观测左角，采用测回观测法观测。

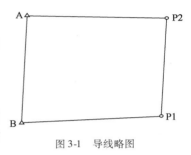

图 3-1 导线略图

3. 量距

测量导线边边长，用全站仪往返各观测 1 个测回。

4. 内业

（1）计算角度闭合差看是否满足限差。

（2）角度闭合差分配与改正后角度。

（3）根据起始边坐标方位角推算其余各导线边坐标方位角。

（4）计算各导线边纵横坐标增量。

（5）计算纵横坐标增量闭合差。

（6）计算导线全长相对闭合差看是否满足限差。

（7）纵横坐标增量闭合差分配。

（8）计算改正后纵横坐标增量。

（9）根据起点坐标推算其余各导线点坐标。

根据《工程测量规范》（GB 5006—2007），一级导线各项技术要求见表 3-5。

一级导线测量基本技术要求   表 3-5

水平角测量（2″级仪器）			距 离 测 量		
测回数	同一方向值各测回较差	一测回内 2C 较差	测回数	读数	读数差
2	9″	13″	1	4	5mm
闭合差					
方位角闭合差		$\leqslant \pm 10''\sqrt{n}$			
导线相对闭合差		$\leqslant 1/14000$			

注：表中 n 为测站数。

四、记录与计算（表3-6、表3-7）

方向测回法观测及距离测量记录表 表3-6

方向测回法观测记录表									距离测量记录表			
日期：		天气：			观测者：							
开始时间：		记录者：			结束时间：							

测站	测回数	目标	水平度盘读数		2C(″)	平均方向值(° ′ ″)	一测回角值(° ′ ″)	各测回平均角值(° ′ ″)	距离（m）			
			盘左（L）(° ′ ″)	盘右（R）(° ′ ″)					盘左	盘右	平均值	往返平均值

序号	点名	观测角 (v_β)	方位角 (° ′ ″)	边 长 (m)	v_x ΔX_i	X_i (m)	v_y ΔY_i	Y_i (m)
			Σ					
	$\Sigma\beta$							
$K =$		$f_\beta =$		$f_x =$			$f_y =$	$f_s =$
$f_{\beta允} = \pm 10''\sqrt{4} = \pm 20''$ $K_允 = 1/14000$			导线略图					

任务三 全站仪自由设站

一、目的与要求

(1)熟悉后方交会的原理。

(2)掌握全站仪自由设站坐标测量的方法。

二、仪器与计划

(1)实训学时:2 学时,实训小组由 3~5 人组成。

(2)实训设备:各组全站仪 1 套(以中纬 ZT80 + 为例)、棱镜 1 套,记录板、2H 铅笔等,全班共用 3 个已知点。

(3)实训计划:各组利用 3 个已知点在未知点建站,观测一建筑物拐点坐标,每人独立完成 1 个未知点坐标观测。注意:设站点不要位于危险圆附近。

三、方法与要求

1. 场地布置

各组测站点相互无视线遮挡,均与 3 个已知点通视。

2. 仪器安置

在测站点安置全站仪,对中整平,在已知点上安置棱镜,对中整平。

3. 自由设站(图 3-2)

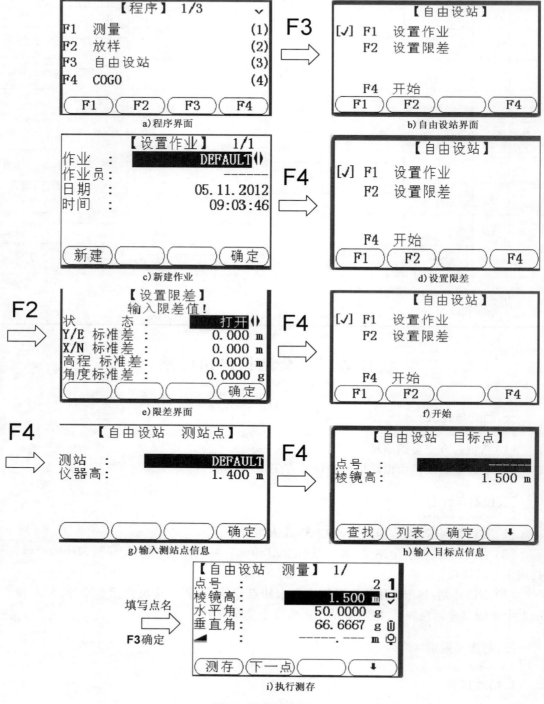

图 3-2　自由设站步骤

测存后,按下一点继续瞄准测量已知点,或者按结果键计算测站坐标,完成建站。

4. 后视定向

执行后视定向,选择坐标定向,输入后视点点名、镜高并照准后视点。执行测存命令可对后视定向检核或直接选择定向完成。

5. 坐标测量

将全站仪瞄准未知点棱镜中心,执行测距命令,全站仪自动得出前视点坐标 x、y、z,依次瞄准各拐点棱镜完成坐标测量工作。

四、记录与计算(表 3-8)

自由设站记录表

表 3-8

已知点:_____ 坐标: $x =$ _____ $y =$ _____ $H =$ _____

已知点:_____ 坐标: $x =$ _____ $y =$ _____ $H =$ _____

已知点:_____ 坐标: $x =$ _____ $y =$ _____ $H =$ _____

仪器高:HI = _____;镜高:HT = _____;后视点:_____;坐标: $x =$ _____ $y =$ _____

点　　名	X(m)	Y(m)	H(m)
测站点 A			

任务四　闭合路线四等水准测量

一、目的与要求

(1)掌握水准点选点、造标与埋石的方法。
(2)掌握四等水准一站后前前后的观测方法。
(3)掌握闭合水准路线内业近似平差的方法。

二、仪器与计划

(1)实训学时:2 学时,实训小组由 3~5 人组成。

(2)实训设备:每组 DS₃ 自动安平水准仪 1 台,双面尺 1 对,尺垫 2 个,记录板、2H 铅笔等。

(3)实训计划:各组在指定区域布设一条闭合水准路线。水准点数量 4 个,其中起始点为假定已知点,高程假设为 20.216m。水准点标志按临时性水准点要求埋设。水准路线总长 200~500m。

三、方法与要求

1. 人员分工

各组确定起始点及水准路线的前进方向。

2 人扶尺,1 人记录,1 人观测。尽量 1 人观测 1 测段、记录 1 测段、立尺 1 测段,测站数必须为偶数站。

2. 一站观测

(1)照准后视标尺黑面,读取下丝、上丝读数,精平,读取中丝读数。

(2)照准前视标尺黑面,读取下丝、上丝读数,精平,读取中丝读数。

(3)照准前视标尺红面,精平,读取中丝读数。

(4)照准后视标尺红面,精平,读取中丝读数。

每测站的记录和计算全部完成且合格后方可迁站。要求见表 3-9。

四等水准测量技术要求 表 3-9

视线长 (m)	前后视距差 (m)	任意测站前后视 累积差(m)	黑红面读数差 (mm)	黑红面所测高差较差 (mm)	路线闭合差 (mm)
≤100	≤3.0	≤10.0	≤3.0	≤5.0	$\leq 20\sqrt{L}$

3. 内业处理

(1)每页计算检核。

①高差检核。

每页后视红、黑面读数总和与前视红、黑面读数总和之差等于红、黑面高差之和。

测站数为偶数的页:

$$\sum[(3)+(8)]-\sum[(6)+(7)]=\sum[(15)+(16)]=2\sum(18)$$

测站数为奇数的页:

$$\sum[(3)+(8)]-\sum[(6)+(7)]=\sum[(15)+(16)]=2\sum(18)\pm0.100$$

②视距部分。

每页后视距总和与前视距总和之差应等于本页末站视距差累积值与上页末站视距差累积值之差。校核无误后,计算水准路线的总长度。

$$\sum(9)-\sum(10)=本页末站之(12)-上页末站之(12)$$

$$\sum(9)+\sum(10)=水准路线总长度$$

(2)成果整理。

当场计算高差闭合差 $f_h=\sum h_i$,如果 $f_h\leq f_{h容}$,观测成果合格,可进行误差配赋,算出各水准点高程,否则分析原因返工重测。

四、记录与计算（表3-10、表3-11）

四等水准测量记录表　　表3-10

测站编号	点号	后尺 下丝 上丝 / 后视距（m） / 视距差 d（m）	前尺 下丝 上丝 / 前视距（m） / ∑d（m）	方向及尺号	标尺读数（m） 黑面	标尺读数（m） 红面	黑+K－红（mm）	高差中数（m）	备注
		（1）	（4）	后	（3）	（8）	（14）		
		（2）	（5）	前	（6）	（7）	（13）	（18）	
		（9）	（10）	后－前	（15）	（16）	（17）		
		（11）	（12）						
				后					
				前					K 为尺常数
				后－前					
				后					
				前					
				后－前					

校核	$\sum[(3)+(8)]-\sum[(6)+(7)]=$
	$\sum[(15)+(16)]=$ 　　　；$\sum(18)=$ 　　　；$2\sum(18)=$
	满足：$\sum[(3)+(8)]-\sum[(6)+(7)]=\sum[(15)+(16)]=2\sum(18)$ 　否□　是□
	$\sum(9)-\sum(10)=$ _____ $=$末(12)
	总视距$\sum(9)+\sum(10)=$ _____ m

高程误差配赋表　　表3-11

点名	测段编号	距离（m）	观测高差（m）	改正数（m）	改正后高差（m）	高程（m）
$\sum$						
	$f_h=$ ____ mm			$f_{h允}=\pm20\sqrt{L}=$ ____ mm		

任务五 闭合路线二等水准测量

一、目的与要求

（1）掌握电子水准仪的使用方法。
（2）掌握二等水准测量奇偶站的观测方法。
（3）掌握二等水准测量内业计算与数据取位。

二、仪器与计划

（1）实训学时：2 学时，实训小组由 3～5 人组成。
（2）实训设备：每组电子水准仪 1 台（以中纬 ZDL700 为例），条码尺 2 把，尺垫 2 个，记录板、2H 铅笔等。
（3）实训计划：各组在指定区域布设一条闭合水准路线。水准点数量 4 个，其中起始点为假定已知点，高程假设为 50.356m。水准点标志按永久性水准点要求埋设。水准路线总长约 1km，手工记录与计算。

三、方法与要求

1. 人员分工

各组确定起始点及水准路线的前进方向。2 人扶尺，1 人记录，1 人观测。尽量 1 人观测 1 测段、记录 1 测段、立尺 1 测段，测站数必须为偶数站。

2. 准备工作

观测前 30min，将仪器置于露天阴影下，使仪器与外界温度一致。观测前对数字水准仪进行预热测量，预热测量不少于 20 次。可以不使用撑杆，也可以自带撑杆。ZDL700 面板见图 3-3，各键功能见表 3-12。

图 3-3 ZDL700 水准仪操作面板

ZDL700 水准仪各键功能   表 3-12

编号	按　键	符　号	第 一 功 能	第 二 功 能
1	视线高/视距	▲	在显示视距和视线高之间切换	光标向上移（菜单模式时有效）
2	dH（高差）	ΔH ▼	高差测量和相对高程计算	光标向下移（菜单模式时有效）

编号	按 键	符 号	第 一 功 能	第 二 功 能
3	菜单	MENU ←	激活并选择设置	回车键(菜单模式时有效)
4	背景灯照明	☼ ESC	LED 背景灯照明	中断退出键(菜单模式及线路测量模式时有效)
5	测量	●	测量键	持续按 2s 进入第二功能(跟踪测量功能)
6	开机/关机	⏻	开机与关机	无第二功能

ZDL700 水准仪和条形码水准尺结构见图 3-4。

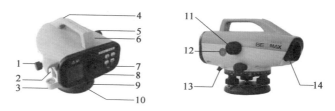

图 3-4　ZDL700 水准仪和条形码水准尺

1-水平微动螺旋;2-电池仓;3-圆水准器;4-瞄准器;5-调焦螺旋;6-提把;7-目镜;8-显示屏;9-基座;10-基座脚螺旋;11-调焦螺旋;12-测量按键;13-数据通信口;14-物镜

3. 测站观测

水准路线采用单程观测,每测站读 2 次高差,奇数站观测水准尺的顺序为:后→前→前→后;偶数站观测水准尺的顺序为:前→后→后→前。脚架安置时,2 个脚架方向在路线方向一侧,相邻站交替。因测站观测误差超限,在本站检查发现后可立即重测,重测必须变换仪器高。若迁站后才发现,应从上一个点(起、闭点或者待定点)起重测。测站视线长度、前后视距差及其累计、视线高度和数字水准仪重复测量次数等按表 3-13 规定。下面以 ZDL700"二等水准测量"程序模式下一站观测为例说明。在菜单中可选择点号、高程并修改,见图 3-5。

二等水准测量技术要求　　　　表 3-13

视线长度(m)	前后视距差(m)	前后视距累积差(m)	视线高度(m)	两次读数所得高差之差(mm)	水准仪重复测量次数	测段、环线闭合差(mm)
≥3 且≤50	≤1.5	≤6.0	≤1.85 且≥0.55	≤0.6	≥2 次	≤4$\sqrt{L}$

注:L 为路线的总长度,以 km 为单位。

选择二等水准测量程序后,输入线路名进入程序,可进入菜单输入后视高程;完成一站测量后会给出本站平均高差,前视高程;结束线路后有闭合差及其限差提示,具体见图 3-6。

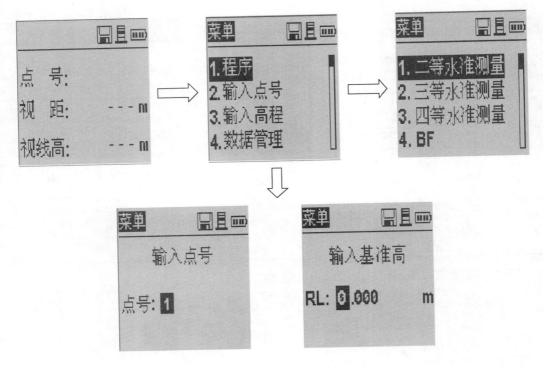

图 3-5　二等水准测量程序

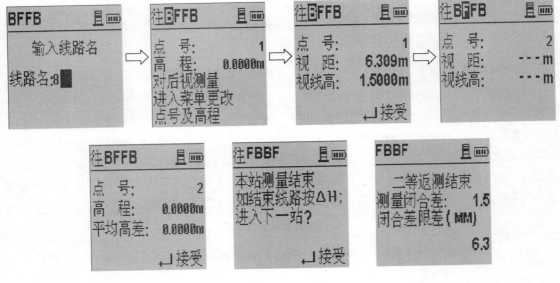

图 3-6　二等水准测量观测程序界面

4. 内业处理

高程误差配赋计算,距离取位到 0.1m,高差及其改正数取位到 0.00001m,高程取位到 0.001m。表中必须写出闭合差和闭合差允许值。计算表可以用橡皮擦,但必须保持整洁,字迹清晰。

四、记录与计算（表 3-14、表 3-15）

二等水准测量手簿
表 3-14

测自_____至_____　　　　　　　　　　　　　　日期：_____年_____月_____日

测站编号	后距	前距	方向及尺号	标尺读数		两次读数之差	备注
	视距差	累积视距差		第一次读数	第二次读数		
			后				
			前				
			后－前				
			h				
			后				
			前				
			后－前				
			h				
			后				
			前				
			后－前				
			h				
			后				
			前				
			后－前				
			h				
			后				
			前				
			后－前				
			h				
			后				
			前				
			后－前				
			h				
			后				
			前				
			后－前				
			h				
			后				
			前				
			后－前				
			h				

注：高差中数按 4 舍 6 进 5 看奇偶的原则取之 0.00001。

二等水准测量手簿(备用)

测自_____至_____ 日期:_____年_____月_____日

测站编号	后距	前距	方向及尺号	标尺读数		两次读数之差	备注
	视距差	累积视距差		第一次读数	第二次读数		
			后				
			前				
			后－前				
			h				
			后				
			前				
			后－前				
			h				
			后				
			前				
			后－前				
			h				
			后				
			前				
			后－前				
			h				
			后				
			前				
			后－前				
			h				
			后				
			前				
			后－前				
			h				
			后				
			前				
			后－前				
			h				
			后				
			前				
			后－前				
			h				
			后				
			前				
			后－前				
			h				

注:高差中数按4舍6进5看奇偶的原则取之0.00001。

46

高程误差配赋表

表 3-15

点名	测段编号	距离（m）	观测高差（m）	改正数（m）	改正后高差（m）		高程（m）
Σ							

$$f_h = \underline{\quad\quad} \text{mm} \qquad\qquad f_{h允} = \pm 4\sqrt{L} = \underline{\quad\quad} \text{mm}$$

注：高差取位到 0.00001m，高程取位到 0.001m。

第四部分　数字测图实训

任务一　全站仪 1∶500 数字化测图

一、目的与要求

（1）掌握图根点、加密点的选择。

（2）掌握全站仪野外草图法观测碎部点的方法。

（3）掌握全站仪与 CASS 软件的数据传输。

（4）熟悉根据外业草图,利用 CASS 点号定位功能进行地形图的绘制。

二、仪器与计划

（1）实训学时:4 学时,实训小组由 3 ~ 5 人组成。

（2）实训设备:每组全站仪 1 台,棱镜 2 套,2m 钢卷尺 1 个,记录板、2H 铅笔等,各组自配电脑 1 台,统一安装 CASS 软件。

（3）实训计划:各组在指定区域内,在图根控制测量的基础上,采用草图法测绘工作区域内的地物与地貌;通过 CASS 软件绘制 1∶500 比例尺地形图,内外业各 2 个学时。

三、方法与要求

1. 场地布置

每组指定区域内包括建筑物、道路、草地等典型地物与地貌,具有 2 个图根控制点。

2. 准备工作

根据测站点位置、地形情况与测图范围,各组商量跑尺路线,跑尺顺序应连贯,按商定路线顺序依次立镜观测碎部点坐标。

3. 仪器安置

在图根点安置全站仪,对中整平,量取仪器高并输入。跑尺员将镜高固定,与仪器高相等,若改变镜高,通知观测员修改目标高。

4. 数据采集

全站仪开机,建立文件夹,以工作日期命名。设置相关参数,进入坐标测量命令。根据已知点,采集碎部点坐标。观测员用手机微信将该点的点号报告给绘图员,点号一致,观测完毕跑尺员移动到下一个测点上。绘图员跟随跑尺员现场绘制草图,按顺序记录点号,每观测 10 个碎部点后,观测员、跑尺员、绘图员轮换。当一站碎部点采集完毕后迁站,重复上述步骤进行数据采集。一个测站所有测点观测结束后,应再次观测后视点进行检核,无误后结束数据采集并关机。

5. 测站点加密

在数据采集过程中,有些碎部点用已有的控制点无法测到,这时需临时增加一个测站点,加密点的观测与碎部点相同,但要注意测量前要输入临时测站点的测站名。其所得到的坐标数据同样被保存在文件中。

迁站,继续上述操作步骤,直到测区内所有碎部点观测完毕。

6. 数据通信

通过数据线连接全站仪与电脑,通常黑白屏 DOS 界面的全站仪传输观测数据的数据线主要使用的是 Hirose 接口与 RS232 接口,连接全站仪端的是 6 芯的 Hirose 接口(图 4-1),而连接电脑 PC 端的是 9 芯 RS232(也称为串行接口或 COM1)接口(图 4-2)。目前,有的全站仪也具有 USB 接口,可通过优盘读取数据,更为方便。

图 4-1　仪器端 Hirose 接口

图 4-2　PC 端 RS232 接口

打开南方 CASS 成图系统,单击【数据】—【读取全站仪数据】,打开"全站仪内存数据转换"对话框,在"仪器"列表中选择对应的全站仪品牌和型号,当复选框"联机"被选中时,可以设置下方的通讯参数:通讯端口、波特率、数据位、停止位和检校位等,并设置好全站仪对应的通信参数(与仪器设置一致)。点击"CASS 坐标文件"右侧的"选择文件"按钮,弹出"输入 CASS 坐标数据文件名"对话框,请指定全站仪将要输出的 CASS 坐标数据文件名和保存路径。具体见图 4-3。

图 4-3　输入 CASS 坐标数据

49

返回"全站仪内存数据转换"对话框后,单击"转换"按钮,绘图区弹出"CAD 信息"对话框,提示"请先在微机上回车,然后在全站仪上回车",根据提示信息,单击"确定"按钮后,再按下全站仪数据下载页面对应的开始下载数据的按键。开始传送数据时,在 CAD 的命令行会显示正在下载的数据。数据下载结束并成功后,可以到指定的保存路径下找到 CASS 格式的. dat 展点坐标数据文件。如果全站仪输出的数据不正确,则会弹出"数据文件格式不对"的 CAD 信息提示框。

如果已通过全站仪配套的数据传输软件下载数据,并预先保存为 CASS【读取全站仪数据】功能支持的格式文件时,在"全站仪内存数据转换"对话框中,可不选中"联机"复选框,在"通讯临时文件:"下指定预先保存的全站仪数据文件的打开路径,在"CASS 坐标文件:"下指定 CASS 格式坐标文件的保存路径和文件名,来完成全站仪数据传输至 CASS 格式数据。由于 CASS 中的【读取全站仪数据】功能支持的仪器对应的数据文件格式类型有限,建议大家直接使用全站仪配套的数据传输软件下载坐标数据文件,然后再转换为 CASS 格式的. dat 展点坐标数据文件。

7. CASS 绘图

(1)展点。

单击【绘图处理】菜单—【展野外测点点号】命令,CAD 命令提示行显示"绘图比例尺 <1:500>",如果需要绘制其他比例尺的地形图,请输入比例尺分母数值后回车。本例默认绘图比例尺为 1:500,直接回车默认当前绘图比例尺为 1:500。在"输入坐标数据文件名"对话框中指定打开文件的路径并单击【打开】按钮后,完成"展野外测点点号"的操作。具体见图 4-4。

图 4-4　展野外测点点号

(2)选择"测点点号"定位,点击绘图区右侧的"地物绘制工具栏"列表中【坐标定位】,在弹出的下拉菜单中选择【点号定位】后,弹出"选择点号对应的坐标点数据文件名"对话框,指定打开文件的路径单击【打开】按钮,完成"点号定位模式"。具体见图 4-5。

(3)绘制平面图。根据野外所绘草图,利用屏幕右侧菜单逐点绘制,选择地物对应符号,若有操作失误可按回退继续操作。控制点符号库见图 4-6。

(4)加注记。利用屏幕右侧菜单的"文字注记",依照提示完成有关文字的注记。

（5）编辑和修改。利用"编辑"菜单下的"删除"菜单,"删除实体所在图层",以删除所展的点的注记,还可利用"编辑"和"地物编辑"菜单进行有关地物的编辑和修改。

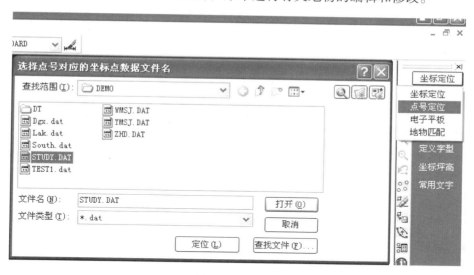

图4-5　点号定位

图4-6　选择地物符号

（6）展高程点。

单击【绘图处理】菜单—【展高程点】,在弹出"输入坐标数据文件名"对话框中,指定打开坐标数据文件打开路径,见图4-7。通常高程注记的间距为20～30倍基本等高距。比例尺为1:500的地形图基本等高距为0.5m,而高程注记间距为0.5m×20＝10m。同时,为了图面清晰美观便于识读,需要人工注记或调整居民地区域内的高程注记位置和分布密度。

（7）DTM建立（图4-8）。

单击【等高线】菜单—【建立DTM】,在弹出"建立DTM"对话框中做如图4-8所示选择。击【确定】按钮,命令行提示"请选择地性线:(地性线应过已测点,如不选则直接回车)"时,使用鼠标选择建模需要考虑的地性线后,回车完成DTM的建立过程,图面即显示出由高程点构建的三角网。地性线是地貌形态的骨架线,是描述地貌形态时的控制线,它主要包括山脊线、山谷线、陡坎和斜坡顶底线等。"由数据文件生成"方式由系统自动根据数据文件生成的DTM模型,它只是学习绘制等高线的入门阶段。而使用"由图面高程点生成"方式人工选择测区局部区域内的高程点来建立 DTM,并编辑和修改三角网才是学习绘制等高线的难点和高级阶段。对于面积较大、既有居民区又有破碎山地的复杂的测区,使用数据文件自动生成的 DTM 并不能完全准确地反映测区现场实际地形的变化情况,需要后期由绘图员根据实地的地形变化情况,对自动生成的三角网进行编辑和修改,使得由 DTM 模型生成的等高线能够准确地反映测区实际的地形起伏变化情况。

图 4-7 展高程点

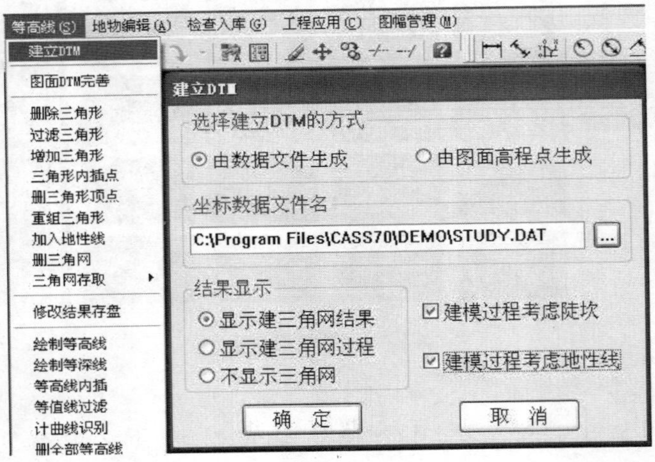

图 4-8 建立 DTM

单击【等高线】菜单—【修改结果存盘】,当命令行提示"存盘结束!"时,表明操作成功。注意:当对自动生成的三角网进行编辑和修改后,或通过直接读取保存的三角网文件 *.sjw 来绘制等高线时,为使修改后或读取的三角网模型生效,就必须进行修改结果存盘操作。否则,绘制的等高线不会内插到修改后的三角网中。

(8)绘制等高线。

单击【等高线】菜单—【绘制等高线】,在弹出"绘制等高线"对话框中单击【确定】按钮,由 DTM 模型自动勾绘出对应的等高线。具体见图 4-9。

单击【等高线】菜单—【三角网存取】—【写入文件】,在弹出的"输入三角网文件名"中指定保存文件名和路径。具体见图 4-10。

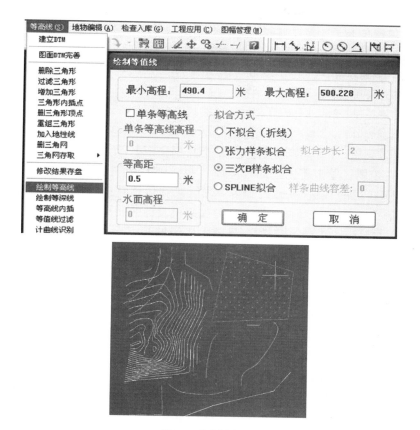

图 4-9　绘制等高线

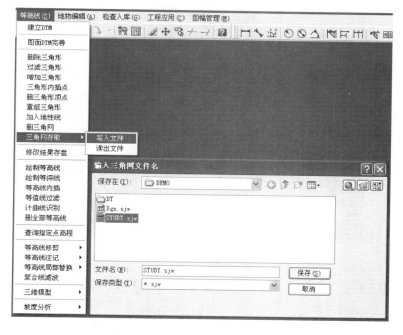

图 4-10　三角网存取

单击【保存】按钮后,命令行提示"选择要保存的三角网:"时,在绘图区鼠标框选所有三角网,回车完成三角网的保存。当已经绘制好的等高线被误操作删除时,可使用【三角网存取】—【读出文件】功能将三角网文件＊.sjw读取后,再次进行等高线的绘制。同时也便于后期使用DTM法计算土方量时,调用保存的三角网文件。

单击【等高线】菜单—【删三角网】,将建立DTM时生成的三角网删除。

单击【编辑】菜单—【删除】—【实体所在图层】,在绘图区鼠标单击任意三角形,即可将三角网所在SJW图层删除。

单击【等高线】菜单—【等高线注记】—【单个高程注记】,当命令行提示"选择需注记的等高(深)线:"时,在绘图区单击需注记的等高线计曲线(粗绿实线);当命令行提示"依法线方向指定相邻一条等高(深)线:"时,在绘图区单击其高程值比计曲线大的首曲线(细黄实线),以便等高线高程注记文字字头朝向上坡方向。如果批量计曲线高程注记,首先使用Pline多段线命令,绘制一条与等高线正交的多段线,且该多段线的起点至终点的方向,须由高程低至高程高的方向,以便注记的高程文字字头朝向上坡方向。单击【等高线】菜单—【等高线注记】—【沿直线高程注记】。命令行提示行"请选择:(1)只处理计曲线(2)处理所有等高线<1>"时,回车默认只注记计曲线,完成等高线计曲线高程注记。只需注记基本等高距的整10倍数的高程值,注记高程的字头朝向上坡方向。如比例尺为1:500的地形图基本等高距为0.5m,需要注记的高程为5m整数倍的计曲线。如本例中须注记高程值为495m、500m的计曲线,而高程为492.5m、497.5m的计曲线就不用注记了。

单击【等高线】菜单—【等高线注记】—【单个示坡线】,命令行提示"选择需注记的等高(深)线:"时单击需要注记的闭合等高线;命令行提示"依法线方向指定相邻一条等高(深)线:"时,单击相邻的等高线,完成示坡线的注记。计曲线高程注记和示坡线注记见图4-11。

图4-11　等高线注记

单击【等高线】菜单—【等高线修剪】—【批量修剪等高线】,在弹出的"等高线修剪"对话框中做如图4-12所示的设置。

单击【确定】按钮后,系统自动按照用户指定的选项要求对整图中的等高线进行修剪。注意:"消隐"选项不会对等高线进行实际的剪断,而只是将穿越地物和注记的等高线进行视觉上的隐藏,单条等高线还是连续和完整的。"剪断"选项是对等高线进行实际的剪断或打断,即进行 CAD 中的 Trim 修剪或 Break 打断操作,该操作会使等高线上的夹点(特征点)增加,导致等高线的数据量增大,整个 DWG 图形文件的存储容量随着增加。建议不要使用"整图处理"方式对"高程注记"、"控制点注记"、"文字注记"进行等高线"修剪",而最好采用"手工选择"方式对等高线进行修剪。CASS 软件对面积较大的图形以"整图处理"方式进行"修剪"容易出现等高线丢失和等高线相交的情况,而且当"高程注记"压盖到"建筑物"时,容易出现完整的建筑物线条被剪断的情况,故实际作业中应慎用"整图处理"方式。

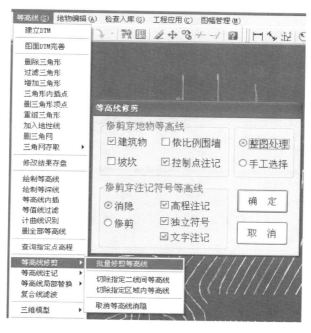

图 4-12　等高线修改

单击【等高线】菜单—【等高线修剪】—【切除指定二线间等高线】,命令行提示"选择第一条线"时,选择道路、河流、沟渠等双线条地物的一侧线条;命令行提示"选择第二条线"时选择道路、河流、沟渠等双线条地物的另一侧线条,即可完成穿越二线间等高线的修剪。

单击【等高线】菜单—【等高线修剪】—【切除指定区域内等高线】,命令行提示"选择要切除等高线的封闭复合线:"时,必须选择复合线围成的封闭边界如池塘、房屋等,系统将对该复合线区域内的等高线进行修剪。当不是封闭的区域时,系统无法完成修剪操作。

数字地形图编辑检查,主要包括:检查图形的连接关系是否正确,与草图是否一致,有无错漏;注记的位置是否合适,应避开地物、符号等;线段的连接、相交或重叠是否恰当准确;等高线与地性线是否协调,断开部分是否合理;间距小于 0.2mm 的不同属性线段处理是否恰当。

(9)添加文字注记。

单击地物绘制工具栏内的【文字注记】—【注记文字】,在弹出的"文字注记信息"对话框中,参照《1:500、1:1000、1:2000 地形图图示》的规范要求进行文字注记。按图 4-13 设置。

(10)绘制图框。

①图框默认参数设置。

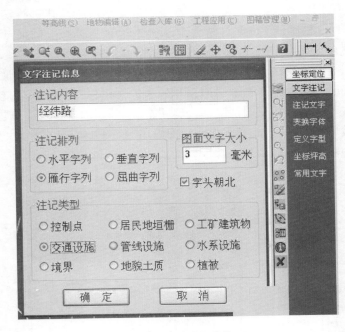

图4-13　文字注记信息

单击【文件】菜单—【CASS参数配置】,在弹出的"CASS参数配置"对话框的"图框设置"选项卡中,设置图4-14所示参数。

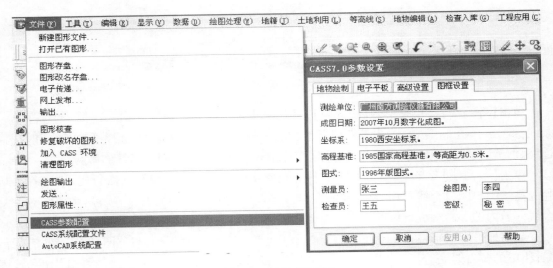

图4-14　CASS参数配置

②图框绘制。

单击【绘图处理】菜单—【任意图幅】,在弹出"图幅整饰"对话框中,做如下设置:图名;图幅尺寸;单选"取整到十米"后;复选"删除图框外实体"。单击【确认】按钮,添加非标准分幅图框,见图4-15。比例尺为1:500的非标准任意图幅大小的地形图,左下角坐标通常为50m的整数倍。而1:500标准50×50cm图幅大小的地形图,左下角坐标通常为250m的整数倍。图幅整饰的具体要求参照《1:500、1:1000、1:2000地形图图示》规范。

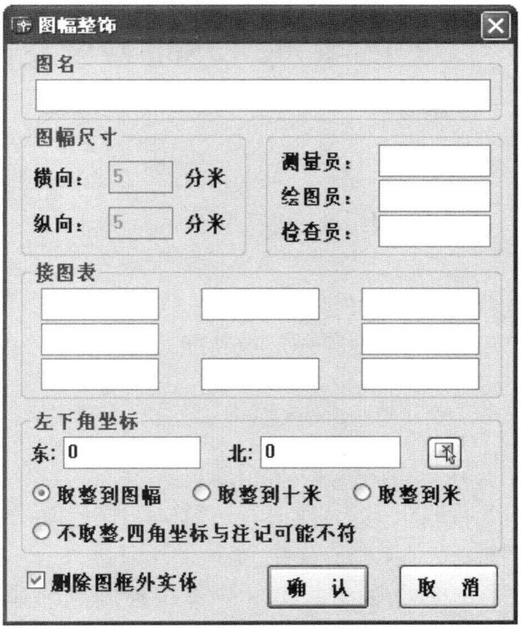

图 4-15　图幅整饰

四、记录与计算

草 图 用 纸

任务二　GPS-RTK 1:500 数字化测图

一、目的与要求

(1)掌握 GPS-RTK 基准站与移动站的设置。

(2)掌握 GPS-RTK 电台模式。

(3)掌握中海达 H32 接收机的使用与 CASS 软件的数据传输。

(4)熟悉根据外业草图,利用 CASS 点号定位功能进行地形图的绘制。

二、仪器与计划

(1)实训学时:4 学时,实训小组由 3～5 人组成。

(2)实训设备:每组 GPS 接收机 1 套(以中海达 H32 为例),2m 钢卷尺 1 个,记录板,2H 铅笔等,各组自配电脑 1 台,统一安装 CASS 软件,全班共用基准站。

(3)实训计划:各组在指定区域内,在已知 3 个图根控制点的基础上,采用草图法测绘指定场地;通过 CASS 绘制 1:500 比例尺地形图,内外业各 2 个学时。

三、方法与要求

1. 场地布置

测图场地面积约 200m×150m,通视条件良好,能满足多个组同时进行。

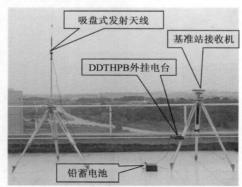

图 4-16　外挂 UHF 数据链基准站

2. 基准站架设

基准站由 GPS 接收机和数据链发射设备构成。GPS 接收机接收、观测伪距和载波相位观测值等信息;数据链发射设备将基准站观测的伪距和载波相位观测值等信息发射出去。本实训电台模式采用外挂 UHF 电台(图 4-16)。基准站位置地势较高、周围障碍物少、无电磁波干扰源等。

电台模式是否顺利进行关键是无线电数据链的稳定性和作用距离是否满足要求。中海达 DDTHPB 外挂电台见图 4-17。

3. 移动站架设

移动站(图 4-18)由 GPS 接收机和数据链接收设备组成。移动站 GPS 接收机主要观测伪距和载波相位观测值,差分处理基准站和移动站的观测值;电台模下的接收电台主要接收基准站观测的伪距、载波相位观测值和基准站坐标等信息。

4. 基准站与移动站设置

基准站和流动站的 GPS 接收机通过电子手簿 Hi-RTK 手簿软件进行设置和显示观测成果。电子手簿通过数据线或蓝牙方式设置 GPS 接收机。

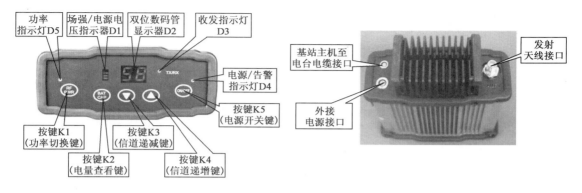

图 4-17　DDTHPB 外挂电台

（1）基准站设置

①新建项目。

点击手簿"Hi-RTK 道路版"软件图标（图 4-19），打开手簿程序。点击主界面项目图标，选择新建（图 4-20），输入项目名称后点击"√"。

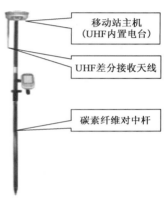

图 4-18　移动站

坐标系统参数设置见图 4-21。项目名确定后，点击标题栏左上角"项目信息"下拉菜单项中"坐标系统"，设置项目坐标系统参数。"文件"名默认与项目名一致，用于保存所输入的测量参数。在"椭球"栏中，"源椭球"选择 WGS-84 椭球，当地椭球选择与已知点坐标系相同的当地椭球。若选择自定义，则可以不需修改，默认值为"北京-54"。"投影"栏选择投影方法，中国用户一般选择"高斯 3 度带"或"或高斯自定义"，输入中央子午线经度或测区平均经度值，误差要小于 30′（合肥经度 117°27′）。其中地方经度值可用 GPS 接收机实时观测。选择主菜单"GPS"，在"位置信息"中获取。椭球转换、平面转换、高程拟合全设为无。设置完成后点击保存，弹出菜单，点击"OK"确定，点击界面右上角"×"退出，返回主界面。

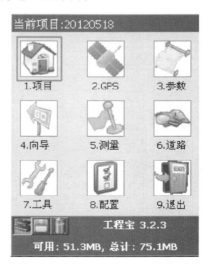

图 4-19　Hi-RTK 主界面

图 4-20　新建项目

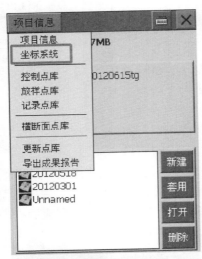
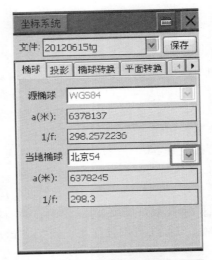

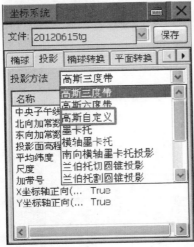
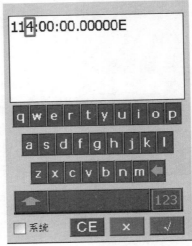

图　4-21

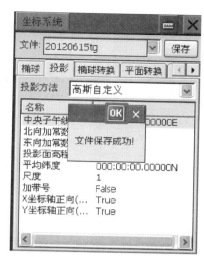

图 4-21　坐标系统参数设置

②GPS 连接(图 4-22)。

手簿通过蓝牙连接 GPS 接收机,选择主界面"GPS",在标题栏下拉菜单中选择"接收机信息"中"连接 GPS"。进行"GPS 连接设置":"手簿"类型选择"Q 系列","连接"选"蓝牙",软件根据手簿类型自动选择"端口","波特率"中海达设备通常选择"19200","GPS 类型"选择"H32"。设置完成后选择右下角"连接"。出现蓝牙搜索界面,点击"搜索",当出现基准站接收机序列号时,点击"停止"并选中该接收机,点击"连接",进入连接界面。连接成功后显示接收机机身编号、工作模式、电压等。

③设置基准站(图 4-23)。

选择"设置基准站",进行基准站参数设置。更改基准站点名,输入仪器高。在界面左下角有"位置、数据链、其他"3 个按钮,必须依依设置。首先设置"位置",在"位置"界面,点击"平滑"按钮,画面跳入采集界面,进行 10 次采集基准站 GPS 坐标,并按"√"号按钮确定。再点击"数据链"选择"外部数据链"。点击"其他",差分模式为 RTK,电文格式为 CMR,高度截止角选 5°,最后点击"确定",在弹出的对话框中点"OK",标题栏中的单点变为已知点,基准站设置完毕。

(2)移动站设置

移动站安装完成开机后,通过手簿先断开与基准站接收机的连接(图 4-24)。点击主界面"GPS"选项,选择标题栏"接收机信息"下拉菜单中"断开 GPS",断开手簿与基准站接收机。再点击"接收机信息"下拉菜单中"连接 GPS",连接操作同基准站连接方式。如果蓝牙搜索界面中已有移动站接收机机身序列号,则可直接选择连接。连接后,显示移动站接收机相关信息。点击"移动站设置"选项进行参数设置。

参数设置见图 4-25。数据链选择"内置电台",频道选择与基准站电台发射频道相同。再点击"其他"按钮,差分电文格式与基准站一致,高度截止角一般选择 10°,点击"确定"按钮。弹出对话框,点击"OK"完成移动站设置。标题栏中解类型"单点"变为"固定",其下面 1.0 表示差分龄期,要求小于 4。卫星图标左边 08 表示公共卫星,第二个 08 表示本机可见卫星。2.0 表示 PDOP 值,数值越小越好,即卫星观测条件越好。最后退出移动站设置界面。

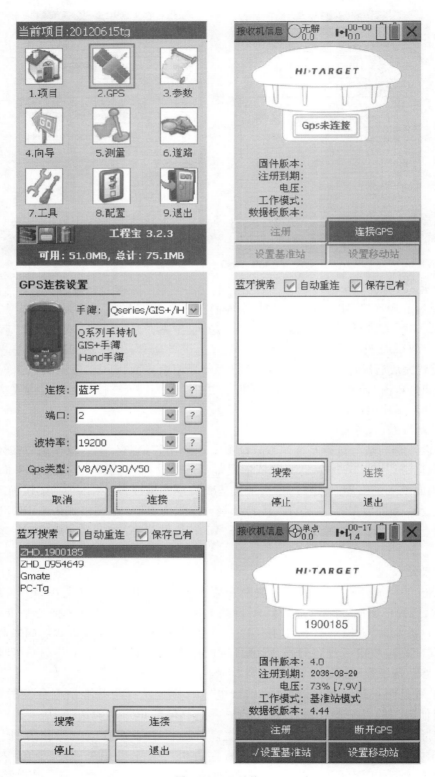

图 4-22　GPS 连接

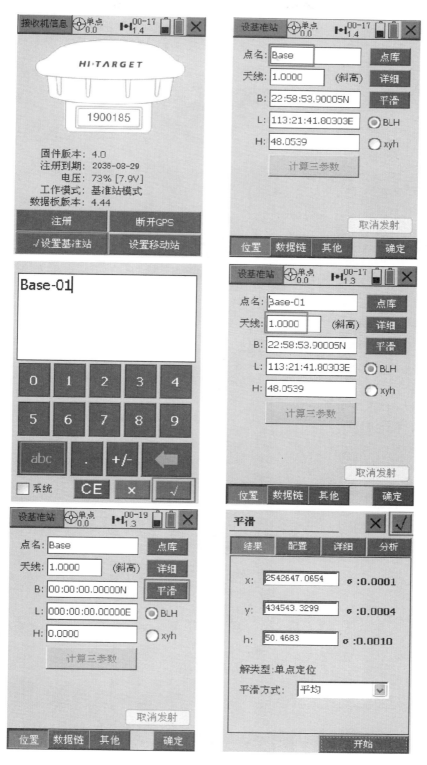

图 4-23

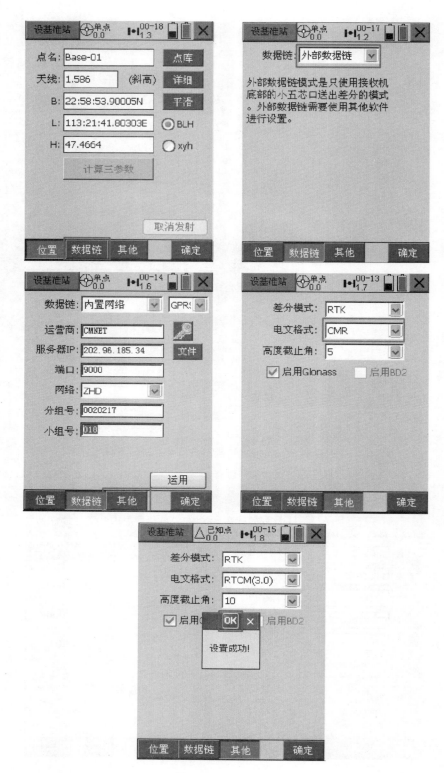

图 4-23 基准站设置

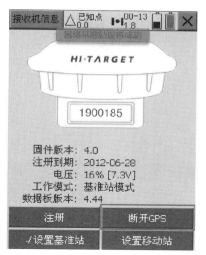
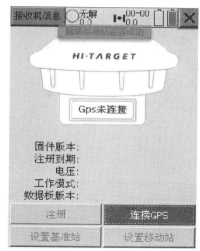
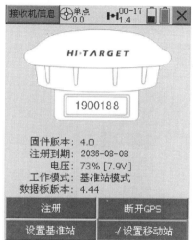

图 4-24 断开与基准站连接

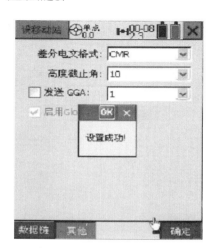

图 4-25

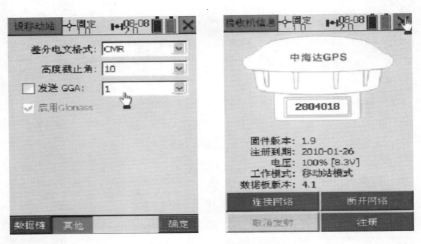

图 4-25　移动站参数设置

5. 参数计算（图 4-26、图 4-27）

移动站分别到已知点采集 GPS 坐标值，再与已知点当地坐标进行参数计算。在主界面点

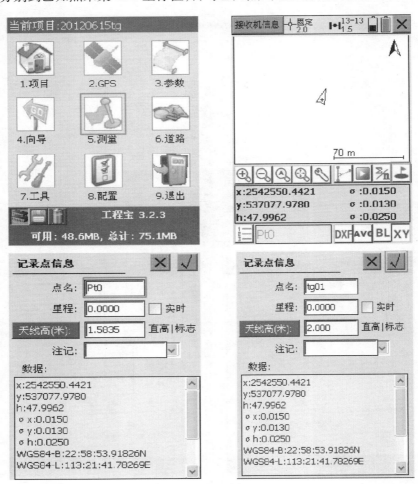

图 4-26　已知点坐标采集

击"测量"选项,当测量观测误差在允许范围内时,点击右下角小旗按钮,更改点名与仪器高,点击"√"后,坐标保存至记录点库。同理依次采集其他已知点坐标。采集完毕后退回主界面,选择"参数"选项进行参数计算(以四参数+高程拟合为例)。再点击"坐标系统",选择"参数计算"。点击"添加"按钮进行坐标配对,在源点中,从记录点库选择刚采集的已知点GPS坐标,在目标中输入或从点库中调出提供的已知点当地坐标并点击"保存"按钮。按相同方法完成坐标配对。计算类型选择"四参数+高程拟合",高程拟合模型选固定差改正。添加完参加计算的已知点坐标后点击"解算"按钮,系统自动计算参数并显示。

查看参考计算结果,缩放值越接近 1 越好,一般要有 0.999 或者 1.000 以上才是合格的,旋转要看已知点的坐标系是什么,如果是标准的 54 或者 80 点,则旋转一般只会在几秒内,如果已知点是任意坐标系,旋转没有参考意义,平面残差小于 0.02,高程残差小于 0.03 基本就可以了,计算结果合格后,点击"运用",启用这个结果,画面跳入坐标系统界面,可以查看一下,之前都为"无"的"平面转换"和"高程拟合"是否已启用,即求解的参数在打开的项目中运用。在"坐标系统"界面中可以通过"平面转换"与"高程拟合"观察参数是否应用和正确。检查无误后点击"保存",弹出对话框点"OK"并退出参数计算界面。

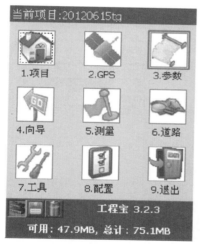

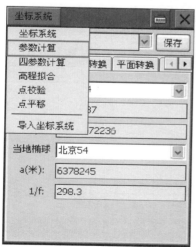

图 4-27

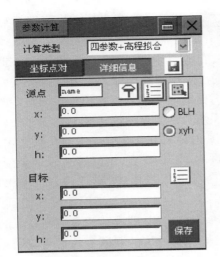
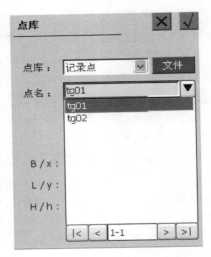
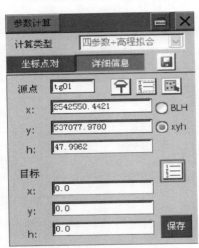
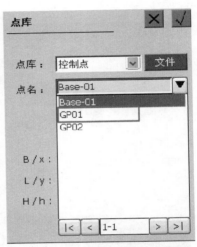
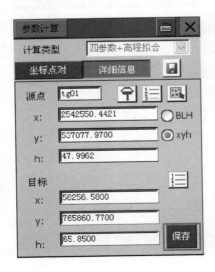

图　4-27

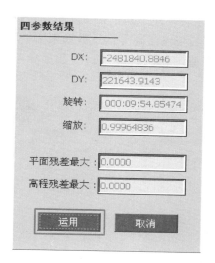

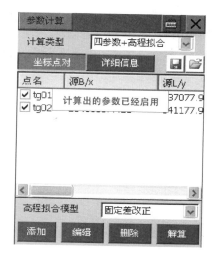

图 4-27　四参数计算

6. 碎部采集（图 4-28、图 4-29）

在主界面点击"测量"选项，进入测量工作界面。对中杆在碎部点上对中整平，按小旗采

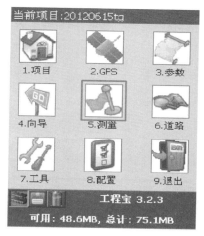

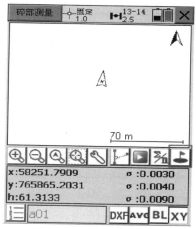

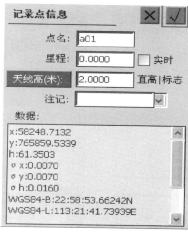

图 4-28　碎部测量

集坐标。输入点名,仪器高不变,依次采集碎部点坐标。左下角记录点库按钮可以查看所测点位信息。选择一个点,点击"编辑"选项,可修改点名与仪器高等信息。如果需要导出坐标点,点击"导出"图标,输入文件名,再选择导出文件类型,点击"确定"按钮,数据导出保存在手簿中。退出测量界面,退出程序,进入室内内业处理。

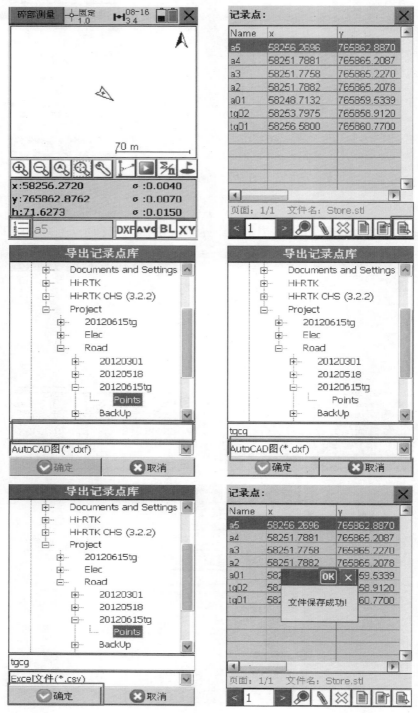

图 4-29

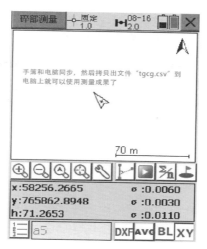

图 4-29　数据导出

7. 数据传输（以 Window XP 系统为例）

（1）安装连接程序（图 4-30）。

中海达光盘中选择连接程序文件夹,按提示安装 ActiveSync.exe。如果手簿第一次与电脑连接,需安置手簿 USB 硬件驱动。

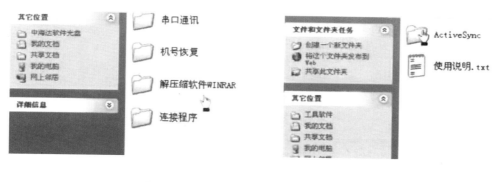

图 4-30　驱动与数据传输软件安装

（2）手簿与电脑通信（图 4-31）。

用 Y 型数据线连接已开机手簿,USB 插在电脑 USB 口上。连接程序会自动启动,取消新建合作关系。点击浏览,打开手簿存储卡 Nandflash 文件夹,点击 Project 文件夹,再点击 Road 文件夹,找到项目文件夹,点击 Points 文件夹,选择导出的文件复制到电脑,数据传输完毕。

图 4-31　数据传输

8. CASS 绘图

绘图方法采用点号定位,同全站仪草图法测图。

四、记录与计算

草 图 用 纸

任务三　水　深　测　量

一、目的与要求

(1)掌握测深杆与测深锤测深的方法。

(2)了解测深仪测深的方法和特点。

二、仪器与计划

(1)实训学时:2学时,实训小组由3~5人组成。

(2)实训设备:每组花杆1根,50米测绳1把、5kg测深锤1个、记录板、2H铅笔等,全班测深仪1台(以华测D330为例)。

(3)实训计划:各组在指定区域内,采用测深杆、测深锤分别测量工作区域内的水深,教师现场演示测深仪水深测量,比较不同方法的特点,学时为2个学时。

三、方法与要求

1.场地布置

每组指定区域具有1~2m的水深,例如水运工程实训场、游泳池等。

2.准备工作

将换能器(图4-32)与2m连接杆安装,采用绑定测深杆加前后拉绳和拉绳兜底加固在合适位置固定,吃水深度不少于0.5m,连接测深仪,测深锤连接测绳。换能器安装见图4-33。

图4-32　单频换能器外形

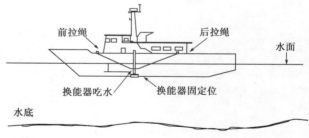

图4-33　换能器安装图

3.传统测深

使测深杆和测深锤的测绳与水面保持垂直,再读取水面与其相交处的数值。

4.回声测深

确定设备连接好后打开电源开关,待系统软件启动后进入Windows XP的操作界面,点击CHS-29图标(鼠标双击或触摸屏双击)进入D330测深仪操作主界面(图4-34)。

主菜单分文件、查看、控制、设置和帮助五栏。文件栏主要包括打开文本数据、打印、打印预览、打印设置、退出等;查看栏主要用于显示和隐藏快捷方式栏和当前状态栏;控制栏用于连接和断开仪器,控制仪器的显示状态;设置栏用于设置参数和颜色;帮助栏包括帮助主题、注册测深仪、查看测深软件 sounder 的版本。

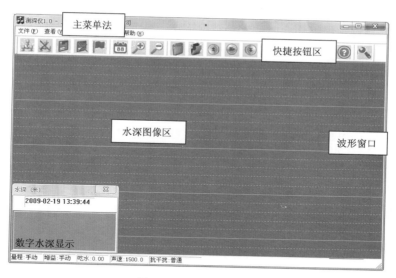

图 4-34　单频测深主界面

　　快捷按钮(图 4-35)包括:"连接"用于连接仪器开始水深获取;"断开"用于断开仪器结束水深获取;"开始存储"开始保存需要的水深数据;"结束存储"结束保存水深数据;"打标"用于手动定标功能;"监视"是实时显示当前测量点的水深值;"放大"用于增加测深仪量程标尺刻度的精密度显示状态(提高标尺分辨率),"缩小"用于减小测深仪量程标尺刻度的精密度显示状态(降低标尺分辨率);"回放"在选择并打开水深记录文件后按此快捷键就能在屏幕上进行水深数据图形回放,该功能键应与打开键配合使用,即先打开回放的数据文件名,(指定要回放的文件名)再点击回放键进行回放;结束回放;"加速"指加速回放;"暂停/继续"用于暂停回放和继续回放的切换;"减速"用于减速回放;"后退/前进"可快速查看回放过的水深图或还未查看的水深图;"时间查找"可根据时间来查找要回放的水深图;开始打印;结束打印;关于和参数设置。

图 4-35　快捷按钮

　　(1)测量参数设置(图 4-36)。

　　选择"设置"—"参数设置",进入到测量参数设置界面,设置参数要点主要如下:

　　①吃水。换能器吃水深度的量取要从水线至换能器的底部,量取的这个值就是吃水深度值,也就是要设定的换能器吃水值。

　　②声速、增益。在不同的季节和不同的水域(包括不同的水温)声速会有差别,淡水和海水的声速也有差别,所以要求每次测量前都必须校对或检查测深仪。校对测深仪的方法很多,本实训采用与测深锤比对,现在已很少采用了,因为水下底质不同误差也就不同,深度读数误差较大也很难掌握。常用的主要方法有两种:一是采用打测试板的方法来校对,从不同的深度

的校对中找出误差值然后进行声速调整,把误差消除到最小;二是采用声速剖面仪对测量现场水域进行声速测定,声速仪在测定水中声速的同时也对水深进行测定,并根据测定区域的水温、水深计算出声速值供现场采用,而所测的这个声速值就是测深仪需要的声速值。

③量程范围、相移。根据作业时的水深情况而定。

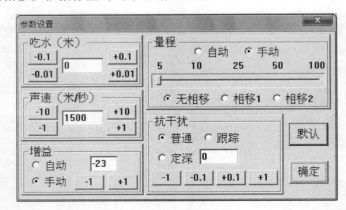

图 4-36   参数设置

(2)水深数据采集。

首先双击桌面测深软件图标,运行测深软件,然后按下工具栏上的"连接"按钮,则右侧出现跳动的波形数据。观察波形,正常情况下,会出现发射波和接收波,而中间的杂波很少甚至没有,并且,接收波的峰值接近整个窗口的宽度,不是超过窗口被截取或者缩得很小,如果波形不是很理想,则进入测深仪的参数设置,按照前述内容调节参数,直到理想状态。若需要记录数据,按下"保存"按钮,可以重命名。如果需要进入回放模式查看测过的水深数据,需要人工按下"结束"按钮,结束回放模式,再按下"启动",然后进行参数设置,再进行"记录"。软件记录数据的时候,需要先标注一排当前参数配置信息,其后水深图形文件都自左向右滚动。需要停止记录的时候,按下"记录"按钮,或者直接退出程序即可。

四、记录与计算

(1)水深数据回放(图 4-37)。

在主界面上单击"打开"快捷键,出现选择文件对话框,查找所记录的水深测量数据文件夹,选定需要的水深数据文件名,并点击"打开",则自动进入回放模式。

如果直接双击测深数据文件(＊.pl1),则测深软件也会自动启动,但是需要人工按下"结束回放"按钮,才能进入回放模式,如果按下"回放"按钮,则回放结束。如果要选择数据的某一段进行回放,可以使用"时间查找"功能进行查找。

(2)水深数据复制与备份。

水深数据的复制可通过本机自带 2 个 USB 串口,连接各种规格的优盘,Windows XP 系统自动确认,无须安装优盘驱动,可及时提交测量数据供内业后处理。

水深数据备份可以将外业测得数据进行保留,可以在装有测深仪软件的其他电脑上打印和浏览。使用优盘直接插在测深仪的后面,然后在我的电脑或者资源管理器中复制文件即可,水深数据原始文件的后缀为.sd。如果使用了 GPS 进行水深测量,则还需要把 GPS 的任务和定位数据一起复制,以免不同的软件数据格式遗漏。

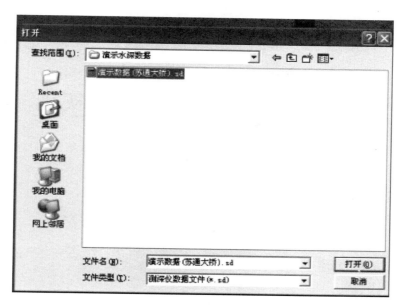

图 4-37　选择回放水深文件

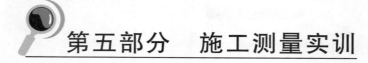

第五部分　施工测量实训

任务一　全站仪坐标放样

一、目的与要求

（1）熟悉全站仪极坐标放样的原理。

（2）掌握全站仪已知点建站坐标放样的步骤。

二、仪器与计划

（1）实训学时：2 学时，实训小组由 3~5 人组成。

（2）实训设备：各组全站仪 1 套（以中纬 ZT80 + 为例）、棱镜 1 套、记录板、2H 铅笔、木桩、钉子等。

（3）实训计划：各组利用 2 个已知点，每人独立完成 1 个未知点放样。

三、方法与要求

1. 场地布置

各组测站点相互视线无遮挡。采用假定坐标系，共用同一个点作为后视点，与各组测站点均通视。各组放样 4 个点，构成一个矩形。

2. 仪器安置

根据现场地形与位置关系，选择合适建站位置。在测站点安置全站仪，对中整平。用 2m 卷尺量取仪器高并输入全站仪。设置温度、气压与棱镜常数等参数。在后视点安置棱镜，对中整平。

3. 设置测站（图 5-1、图 5-2）

执行全站仪坐标放样命令，新建项目选择已知点建站，输入已知点点名、仪器高、坐标（X，Y，Z）等结束建站工作。在主菜单界面下选择 2 程序→F2 放样→F1 设置作业→F1 新建（项目按年月日命名）→F2 设置测站→F3 坐标→F4 确定→输入仪器高→F4 确定。

4. 后视定向（图 5-3）

执行后视定向，选择坐标定向，输入后视点点名、镜高并照准后视点。执行测存命令可对后视定向检核或直接选择定向完成。按 F3 定向→F2 坐标定向→输入点名与镜高（同仪器高）→F4 确定→F3 坐标→F4 确定→瞄准 B 点按 F1 测存→F1 否，定向完成。

5. 输入放样点坐标（图 5-4）

输入放样点点号与坐标值，全站仪自动解算后视方向与放样方向之间的水平夹角 dHA，放样点与测站点之间的水平距离 HD。按 F4 开始→F4→F2 坐标→F4 确定。

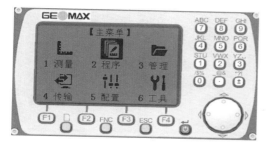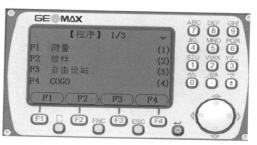

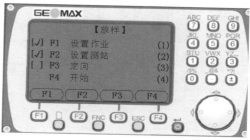

图 5-1　进入放样界面

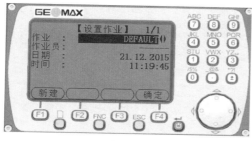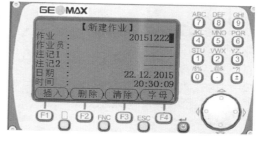

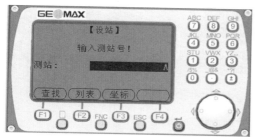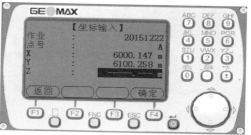

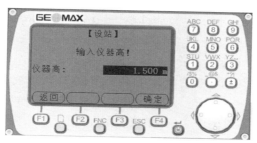

图 5-2　新建作业与设站

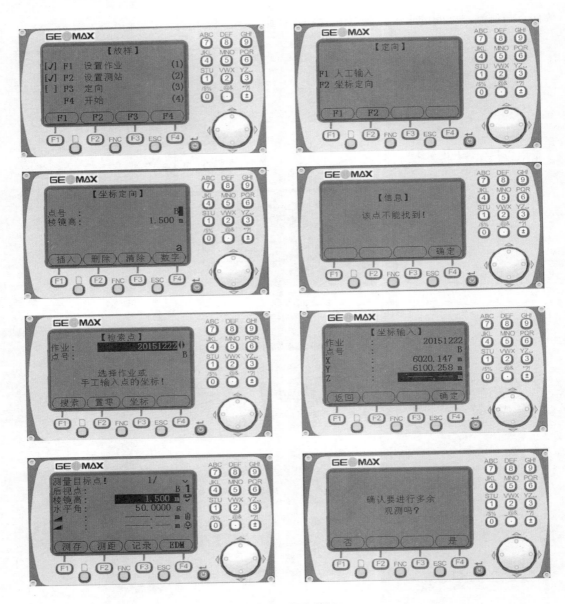

图 5-3　设置后视

6. 放样点定位

观测员根据全站仪提示，旋转全站仪照准部，当 $\Delta HZ = 0°00'00''$，水平制动；指挥棱镜员面对仪器方向向左或向右移动棱镜杆，当棱镜员对中杆底部与十字丝重合，指导棱镜员调整对中杆竖直，望远镜瞄准棱镜，执行测距命令，全站仪显示当前棱镜位置与放样点实际位置的前后偏距 ΔHD，观测员指挥棱镜员前移或后退 ΔHD 距离值；再次指挥棱镜员左右移动，当位于放样方向时再次测距，直至 $\Delta HD = 0.010m$ 以内时，确认并通知棱镜员钉桩。观测员指导棱镜员钉桩，确保让十字丝竖丝切在木桩的中心（如果位置不在桩顶面上，可以敲击木桩进行少量的调整，然后使用混凝土浇筑固定）。钉下木桩后，在木桩上移动钉子，直至十字丝竖丝与钉子底部对齐，钉入钉子，完成放样。

80

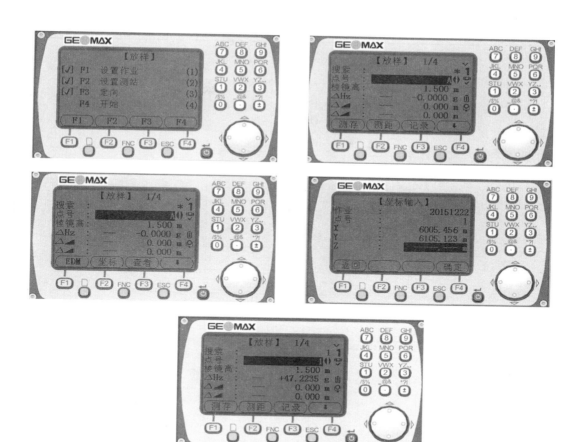

图 5-4　放样引导界面

7.放样检核

在钉子上安置棱镜,测站询问棱镜高后修改棱镜高,测量并记录实际放样点的坐标和高程,对比设计坐标和实际放样点的坐标,平面偏差不超过 5mm 认为合格(或用钢尺观测相邻点距离,误差在限差内合格)。

四、记录与计算(表 5-1)

(1)测站点___A___ 的坐标　$X = 6000.147\text{m}, Y = 6100.258\text{m}$。

后视点___B___ 的坐标　$X = 6020.147\text{m}, Y = 6100.258\text{m}$。

(2)测站点___C___ 的坐标　$X = 5000.147\text{m}, Y = 5100.258\text{m}$。

后视点___D___ 的坐标　$X = 5020.147\text{m}, Y = 5100.258\text{m}$。

坐标放样记录表　　　　　　　　　　　　　　表 5-1

测站	后视点	放样点	设计坐标（m）		实测坐标（m）		偏差值（±mm）	
			X	Y	X	Y	ΔX	ΔY
A	B	01	6005.456	6105.123				
		02	6015.456	6105.123				

测站	后视点	放样点	设计坐标（m）		实测坐标（m）		偏差值（±mm）	
			X	Y	X	Y	$\triangle X$	$\triangle Y$
A	B	03	6015.456	6115.123				
		04	6005.456	6115.123				
C	D	05	5005.456	5105.123				
		06	5015.456	5105.123				
		07	5015.456	5115.123				
		08	5005.456	5115.123				

任务二 GPS-RTK 坐标放样

一、目的与要求

（1）掌握 GPS-RTK 基准站与移动站的设置。
（2）掌握 GPS-RTK 测量网络模式。
（3）会进行 GPS-RTK 坐标放样。

二、仪器与计划

（1）实训学时:2 学时,实训小组由 3～5 人组成。
（2）实训设备:每组 GPS 接收机 1 套(以中海达 H32 为例)、2m 钢卷尺 1 个、记录板、2H 铅笔等,全班共用基准站。
（3）实训计划:各组在指定区域内,在已知 3 个图根控制点的基础上,每组用 GPS-RTK 放样 3 个待定点并对放样点观测坐标,与设计值比较。

三、方法与要求

1. 场地布置

场地视野开阔,周围无明显电磁波干扰源和反射物,能满足多个组同时进行。

2. 基准站与移动站架设

GSM 网络模式下基准站与移动站接收机均需装入已开通 GPRS/CDMA 的 SIM 卡。见图 5-5、图 5-6。

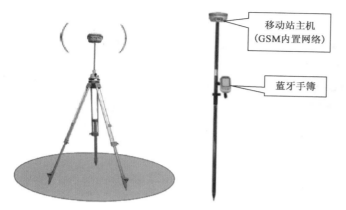

图5-5 内置UHF电台/GSM基准站、移动站

图5-6 量取仪器高

3.基准站与移动站设置

基准站和移动站的GPS接收机通过手簿Hi-RTK手簿软件进行设置和显示观测成果。手簿通过蓝牙方式设置GPS接收机。设置内容主要包括项目设置、GPS连接、参数求解和数据链等,前两者与电台模式相同,在此只介绍数据链设置。

(1)基准站数据链设置(图5-7)。

当项目设置完成、基准站GPS接收机与手簿连接后,点标题栏接收机信息－基准站设置(输入基准站点名、仪器高、平滑采集基准站GPS坐标)→数据链,输入各项参数后选择其他(分组号为7位后3位不得大于255,小组号为3位,也不得大于255),设置好选择确定后弹出设置成功对话框,点击OK,关闭设置界面,点接收机信息选择断开GPS,断开手簿与基准站的连接。

(2)移动站数据链设置(图5-8)。

移动站GPS接收机与手簿连接后,点标题栏接收机信息-移动站设置,参数设置包括IP、端口等。点击其他,选择电文格式与发送GGA。设置好后点确定,弹出设置成功对话框,点击OK,关闭设置界面。

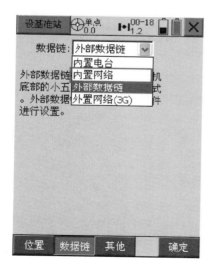

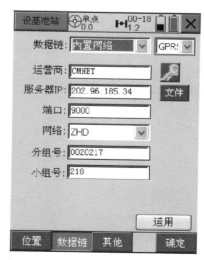

图 5-7

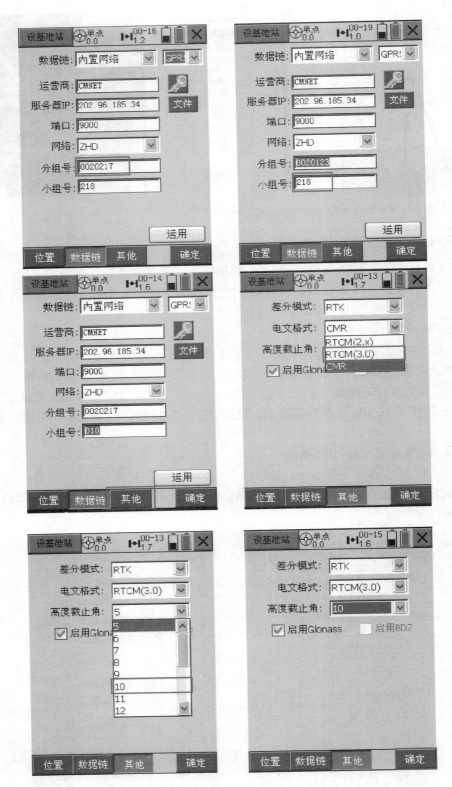

图 5-7

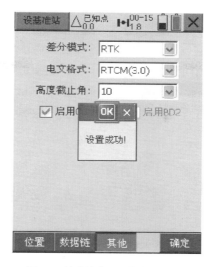

图 5-7 基准站内置网络模式设置

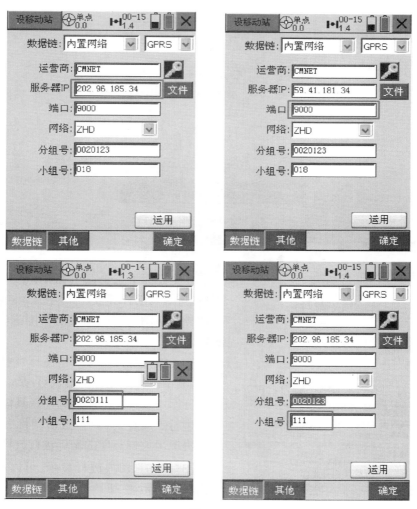

图 5-8

图 5-8　移动站内置网络模式设置

4. 点放样

在主界面下点击测量命令,点击左上角下拉菜单,进入点放样界面(图 5-9)。根据屏幕提示,向放样点移动。精度在误差范围内时,移动站位置即为放样点位置。

在点放样界面直接点击图标"➡",进入选点界面,其中放样点坐标的输入可以人工直接输入、从坐标库中选择或从图形选取。具体见图 5-10。

进行点放样时,只需点击图标"➡",软件会自动提取出放样点库的坐标进行放样。

图标"◢"切换放样显示,可以在显示向西、向南和显示距离、垂距之间切换

图标"DXF"可调入 AutoCAD 的 dxf 格式文件,

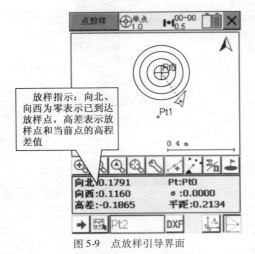

图 5-9　点放样引导界面

注:➡表示下一点/里程/横断面;▦表示从图上选点放样;◢表示切换放样显示;⁙表示放样最近点。

86

作为测量底图。

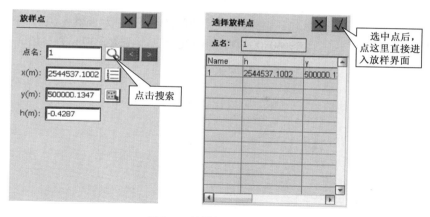

图 5-10　放样点坐标输入

四、记录与计算（表 5-2）

GPS-RTK 坐标放样记录表　　　　　　　　　　　表 5-2

测站	后视点	放样点	设计坐标（m）		实测坐标（m）		偏差值（±mm）	
			X	Y	X	Y	ΔX	ΔY
A	B	01	3523284.256	527686.248				
		02	3523222.864	527687.745				

任务三　圆曲线测设

一、目的与要求

（1）熟悉圆曲线主点测设元素 T、L、E、D 与主点里程的计算。

（2）掌握圆曲线详细测设切线支距法与偏角法。

二、仪器与计划

（1）实训学时:2 学时,实训小组由 3~5 人组成。

（2）实训设备:各组全站仪 1 套（以中纬 ZT80 + 为例）、棱镜 1 套,记录板、2H 铅笔、钢尺、木桩、钉子等。

（3）实训计划:各组利用 3 个已知点,每人独立完成一段圆曲线 ZY、QZ 与 YZ 点和 2 个细部点放样（整桩号法）。见图 5-11。

三、方法与要求

1. 场地布置

各组在指定场地确定交点位置和两条切线方向,使路线转折角 $\alpha = 60°00'00''$。

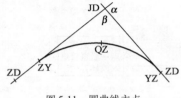

图 5-11　圆曲线主点

2. 数据准备

假定交点 JD 的里程桩为 k25 + 613.33，其偏角 $\alpha =$ 60°00′00″，圆曲线设计半径 $R = 30\text{m}$，$l_o = 10\text{m}$。

3. 元素计算

切线长 $\qquad T = R\tan\dfrac{\alpha}{2}$

曲线长 $\qquad L = R\alpha\dfrac{\pi}{180}$

外矢距 $\qquad E = \dfrac{R}{\cos\dfrac{\alpha}{2}} - R = R\left(\dfrac{1}{\cos\dfrac{\alpha}{2}} - 1\right)$

切曲差 $\qquad D = 2T - L$

4. 主点里程

$$\text{直圆点(ZY)里程} = \text{JD 里程} - T$$
$$\text{曲中点(QZ)里程} = \text{ZY 里程} + L/2$$
$$\text{圆直点(YZ)里程} = \text{QZ 里程} + L/2$$

为了避免计算错误，可用下列公式检验：

$$\text{YZ 里程} = \text{JD 里程} + T - D$$

5. 详细测设

将曲线上靠近曲线起点(ZY)的第一个桩的桩号凑成整数桩号，然后按整桩距向曲线的终点(YZ)连续设桩。

（1）切线支距法。

$$x_i = R\sin\varphi_i, y_i = R(1 - \cos\varphi_i)$$

式中：$\varphi_i = \dfrac{l_i 180°}{R\pi}$。

（2）偏角法。

$$\Delta_i = \dfrac{\varphi_i}{2} = \dfrac{l_i}{R} \cdot \dfrac{90°}{\pi}, c_i = 2R\sin\Delta_i$$

式中：$\varphi_i = \dfrac{l_i 180°}{R\pi}$。

6. 外业施测

（1）主点测设。

将全站仪安置于交点 JD 桩上，分别以路线方向定向，自 JD 点起分别向后、向前沿切线方向量出切线长 T，即得曲线的起点 ZY 和终点 YZ。后视曲线的终点，测设角度的分角线方向，沿此方向从交点 JD 桩开始，量取外矢距 E，即得曲线的中点 QZ。

（2）切支距法。

以曲线的起点(ZY)为坐标原点，通过曲线上该点的切线为 X 轴，以过原点的半径方向为

Y 轴,建立直角坐标系,从而测设各加桩点。

(3)偏角法。

以曲线起点(ZY)至曲线上任意点 P 的弦线与切线之间的偏角(弦切角)Δ 和弦长 c,通过极坐标法测设加桩点的位置。

四、记录与计算(表 5-3)

圆曲线测设记录表   表 5-3

测设元素	切 线 长:$T =$ _____ m 外 矢 距:$E =$ _____ m		弧 长:$L =$ _____ m 切 曲 差:$D =$ _____ m		
主点里程	ZY 点里程: QZ 点里程:		YZ 点里程: JD 点里程: (检核)		
	详细测设参数		切支距法 原点:ZY X 轴:ZY – JD		偏角法 测 站:ZY 起始方向:ZY – JD
名点	桩号	累积弧长 (m)	X(m)	Y(m)	θ(° ′ ″) c(m)
ZY					
1					
2					
QZ					
3					
YZ					

任务四　带缓和曲线的平曲线测设

一、目的与要求

(1)熟悉带缓和曲线的平曲线常数、要素、主点里程的计算。

(2)掌握道路中桩点坐标计算的方法。

二、仪器与计划

(1)实训学时:2 学时,实训小组由 3 ~ 5 人组成。

(2)实训设备:各组全站仪 1 套(以中纬 ZT80 + 为例)、2 个脚架、2 个棱镜、基座和 1 个对中杆、木桩、钉子、非编程函数计算器(自备)等。

(3)实训计划:各组利用 3 个已知点,测站点、后视点与检核点,独立完成第一缓和曲线上指定 2 个中桩点测设。

三、方法与要求

1. 场地布置

各组场地点位设置开阔、平坦,相互不干扰,可安排在操场、篮球场等场地。

2. 数据准备

已知某道路曲线第一切线上控制点 JD1(3819540.534,191657.729)和 JD2(3820992.901,190814.190),该圆曲线设计半径 $R = 2800\text{m}$,缓和曲线长 $l_0 = 320\text{m}$,JD2 里程为 K52 + 061.603,转向角 $\alpha_\text{左} = 11°18'51''$。请使用非程序型函数计算器计算铁路曲线主点 ZH、HY、QZ 点坐标及第一缓和曲线和圆曲线上指定中桩点(如 K51 + 940、K51 + 960)坐标,共计算 5 个点。然后,根据现场已知测站点、方向点与检核点,使用全站仪坐标放样功能进行第一缓和曲线和圆曲线上指定中桩点放样,共放样 2 个点。控制点和待放样曲线之间关系见图 5-12。

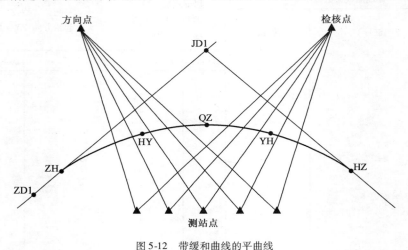

图 5-12　带缓和曲线的平曲线

3. 实施步骤

(1)计算 JD1、JD2 坐标方位角、曲线常数、要素、主点里程、主点与中桩坐标。

① $\alpha_{\text{JD1}-\text{JD2}}$、切线角 β、切垂距 m 与内移值 p 计算:

$$\beta_0 = \frac{l_0}{2R} \times \frac{180°}{\pi}$$

$$m = \frac{l_0}{2} - \frac{l_0^3}{240R^2}$$

$$p = \frac{l_0^2}{24R}$$

② 曲线要素 T、L、E、D 计算:

$$T = (R + p)\tan\frac{\alpha}{2} + m$$

$$E_0 = (R + p)\sec\frac{\alpha}{2} - R$$

$$L = 2l_o + L'$$

$$= 2l_o + \frac{\pi R(\alpha - 2\beta_o)}{180°}$$

$$D = 2T - L$$

③主点里程计算：

$$ZH\ 里程 = JD\ 里程 - T$$

$$HY\ 里程 = ZH\ 里程 + l_o$$

$$YH\ 里程 = HY\ 里程 - l_Y$$

$$HZ\ 里程 = YH\ 里程 + l_o$$

$$QZ\ 里程 = HZ\ 里程 - L/2$$

$$计算校核：JD\ 里程 = QZ\ 里程 + 2T - L$$

（2）缓和曲线主点坐标与指定中桩点坐标计算。

$$X_{ZH} = X_{JD2} + T\cos\alpha_{JD2-ZH}$$

$$Y_{ZH} = Y_{JD2} + T\sin\alpha_{JD2-ZH}$$

$$X_{QZ} = X_{JD2} + E\cos\alpha_{JD2-QZ}$$

$$Y_{QZ} = Y_{JD2} + E\sin\alpha_{JD2-QZ}$$

计算 HY 与 K51 + 940 各点在以 ZH 点为坐标原点的切线坐标系中的坐标。

$$x = l - \frac{l^5}{40R^2 l_o^2}$$

$$y = \frac{l^3}{6Rl_o}$$

将上述两点坐标转换至统一坐标系中坐标。

$$\begin{bmatrix} X \\ Y \end{bmatrix} = \begin{bmatrix} x_{ZH} \\ y_{ZH} \end{bmatrix} + \begin{bmatrix} \cos a_{ZH-JD2} + \sin a_{ZH-JD2} \\ \sin a_{ZH-JD2} - \cos a_{ZH-JD2} \end{bmatrix} \begin{bmatrix} x \\ y \end{bmatrix}$$

计算 HY 与 K51 + 960 中桩点坐标。先计算其独立坐标系下坐标,再按上式转换为统一坐标系下坐标。

$$\begin{cases} x = R\sin\phi + q \\ y = R(1 - \cos\phi) + p \end{cases}$$

（3）根据中桩点坐标计算数据,在测站点安置全站仪进行坐标放样,并做好标志。

（4）通过全站仪观测放样点坐标,与计算值比较,误差在 2cm 以内则合格。

四、记录与计算

計 算 用 纸

任务五　道路中平测量

一、目的与要求

（1）熟悉视线高法的原理。
（2）掌握中平测量的外业实施与内业处理。

二、仪器与计划

（1）实训学时:2 学时,实训小组由 3～5 人组成。
（2）实训设备:各组 DS$_3$自动安平水准仪 1 套,塔尺 2 把,记录板、2H 铅笔、尺垫等。
（3）实训计划:各组利用 2 个已知水准点,每隔 20m 完成一段道路(长度 400m 左右)中桩点高程测量。

三、方法与要求

1. 场地布置

选择长约 400m 的起伏线段,路线起终点附近各定一个水准点 BM$_1$、BM$_2$(高程已知),按 20m 的桩距设置中桩,在桩位处钉木桩(松软地面)或标临时标志(硬质路面)并标注桩号。

2. 外业观测

（1）在测段始点附近的水准点 BM$_1$上竖立水准尺,统筹考虑整个测设过程,选定前视转点 ZD$_1$并竖立水准尺。

（2）在距 BM$_1$、ZD$_1$大致等远的地方安置水准仪,先读取后视点 BM$_1$上水准尺上的读数并记入后视栏;读取前视点 ZD$_1$上水准尺上的读数,将此记录暂记入备注栏中适当的位置以防忘记,依次在本站各中桩处的地面上竖立水准尺并读取读数(可读至 cm),将各读数记入中视栏;最后记录前视点 ZD$_1$并将 ZD$_1$的读数记入前视栏。

（3）选定 ZD$_2$并竖立水准尺,在距 ZD$_1$、ZD$_2$大致相等的地方安置水准仪,先读取后视点 ZD$_1$上水准尺的读数并记入后视栏;读取前视点 ZD$_2$上水准尺的读数,将此读数暂记入备注栏中适当的位置以防忘记;依次在本站各中桩处的地面上竖立水准尺并读取读数(一般可读至 cm),将各读数记入后视点 ZD$_2$并将 ZD$_2$的读数记入前视栏。用上法观测所有中桩并测至路段终点附近的水准点 BM$_2$。

详见图 5-13。

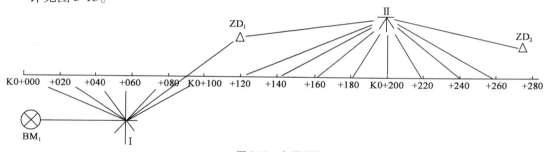

图 5-13　中平测量

3. 内业计算

(1)计算测段高差闭合差,看是否满足精度要求(L 为相应测段路线长度,以 km 计),如果合格,不分配闭合差。

$$f_h \leqslant 50\sqrt{L}\,\text{mm}$$

(2)计算各中桩的地面高程。

视线高程 = 后视点高程 + 后视读数

前视点高程 = 视线高程 − 前视读数

中桩地面高程 = 视线高程 − 中视读数

四、记录与计算(表 5-4)

道路中平测量记录与计算   表 5-4

日期:_____ 天气:_____ 仪器型号:_____ 观测:_____ 记录:_____

测站	桩号	水准尺读数(m)			视线高(m)	高程(m)	备注
		后视	前视	中视			

任务六　全站仪纵横断面测量

一、目的与要求

（1）熟悉全站仪纵横断面测量的原理与实施。

（2）掌握全站仪对边测量的方法。

（3）掌握横断面图的绘制。

二、仪器与计划

（1）实训学时：2 学时，实训小组由 3~5 人组成。

（2）实训设备：各组全站仪 1 套（以中纬 ZT80＋为例）、棱镜 1 个、2H 铅笔等。

（3）实训计划：各组利用 2 个已知点，每隔 20m 完成一段道路（长度 400m 左右）中桩点横断面测量。

三、方法与要求

1. 场地布置

选择长约 400m 的起伏线段，路线起点附近有 2 个已知导线点 D_1、D_2（坐标已知），按 20m 的桩距设置中桩，在桩位处钉木桩（松软地面）或标临时标志（硬质路面）并标注桩号。

2. 中桩高程

将全站仪安置在已知导线点，后视另一已知点。通过坐标测量功能测出中桩点地面高程。该法可在中线测量时同时观测中桩高程。如果一站观测范围受限，可加密测站点迁站继续观测。

3. 横断面观测（图 5-14、图 5-15）

将全站仪开机（尽量安置一次仪器能观测若干中桩点横断面），棱镜先安置在中桩点上。在主菜单界面选择程序，按翻页键进入程序第 3 页，按 F2 进入对边测量界面，按 F4 开始，选择射线模式。射线对边可直接测定多点相对于中心点的距离与高差。瞄准中桩点上棱镜观测，再依次沿横断面方向在变坡点安置棱镜并观测，则可测出变坡点与中桩点间距离与高差。当一个横断面测完后，棱镜移至下一个中桩点重新观测。当一站观测结束后，在合适位置加密测站点，仪器迁站，继续其他中桩点横断面的观测。

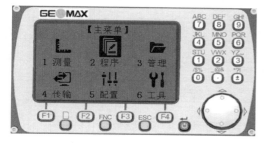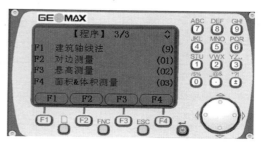

图　5-14

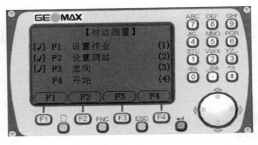

图 5-14　对边测量界面

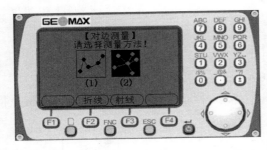 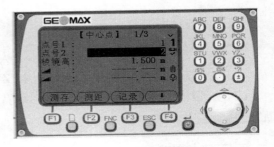

图 5-15　对边测量模式

四、记录与计算（表 5-5）

带缓和曲线的平曲线测设记录表　　　　　　　　　　　　　　表 5-5

日期：_____　天气：_____　仪器型号：_____　观测：_____　记录：_____

测站点：			后视点：					
仪器高：_____ m								
断面号		左侧（m）			桩号	右桩（m）		备注
	高差							
	距离							
	高差							
	距离							
	高差							
	距离							
	高差							
	距离							
	高差							
	距离							
	高差							
	距离							
	高差							
	距离							

测站点：		后视点：			
仪器高：_____m					
断面号	左侧(m)		桩号	右桩(m)	备注
	高差				
	距离				
	高差				
	距离				

任务七　道路边桩平面位置与高程测设

一、目的与要求

（1）掌握已知水平距离测设的实施。
（2）掌握水平角正倒镜分中法的实施。
（3）掌握水准仪高程放样。

二、仪器与计划

（1）实训学时：2 学时，实训小组由 3 ~ 5 人组成。
（2）实训设备：各组全站仪 1 套（以中纬 ZT80 + 为例）、DS₃ 自动安平水准仪 1 套、棱镜 1 个、塔尺 2 把、花杆 2 根等。
（3）实训计划：各组利用一直线段上 3 个已知中桩点，根据横断面图，完成 6 个边桩平面位置与高程测设。

三、方法与要求

1. 平面位置测设

（1）测设数据计算。
根据横断面图，计算出边桩至中桩点的平距和高程。
（2）外业实施。
将全站仪安置在中桩点，对中整平。在相邻中桩点上竖立花杆。用正倒镜分中法放样角度 90°00′00″，确定道路横断面方向。根据边桩平距，沿横断面方向测设已知距离确定边桩平面位置并打下木桩，在桩面上移动小钉确定最终位置。

2. 边桩高程测设

（1）在中桩点上分别竖立塔尺，水准仪安置在两者中间距离相等处，后视中桩点水准尺读数 a。
（2）计算边桩上水准尺应读前视读数 $b = H_{中} + a - H_{边}$。

（3）将水准尺紧贴边桩一侧，观测员指挥立尺员上下移动水准尺，当读数恰为 b 时，则尺底即为边桩高程位置，沿尺底画一横线表示。

（4）观测放样点高程，与设计高程差值在 3mm 以内，检核合格。

四、记录与计算

计 算 用 纸

参 考 文 献

[1] 翟翔,程效军,邹自力.测绘技能竞赛指南[M].北京:测绘出版社,2014.

[2] 马真安,阿巴克力.工程测量实训指导[M].北京:人民交通出版社,2005.

[3] 张保成.测量学实习指导与习题[M].北京:人民交通出版社,2000.

[4] 中华人民共和国国家标准.GB 0026—2007 工程测量规范[S].北京:中国计划出版社,2008.

[5] 上海华测导航技术有限公司.华测 D330 测深仪操作手册[Z].上海:上海华测导航技术有限公司,2009.